INVENTAIRE

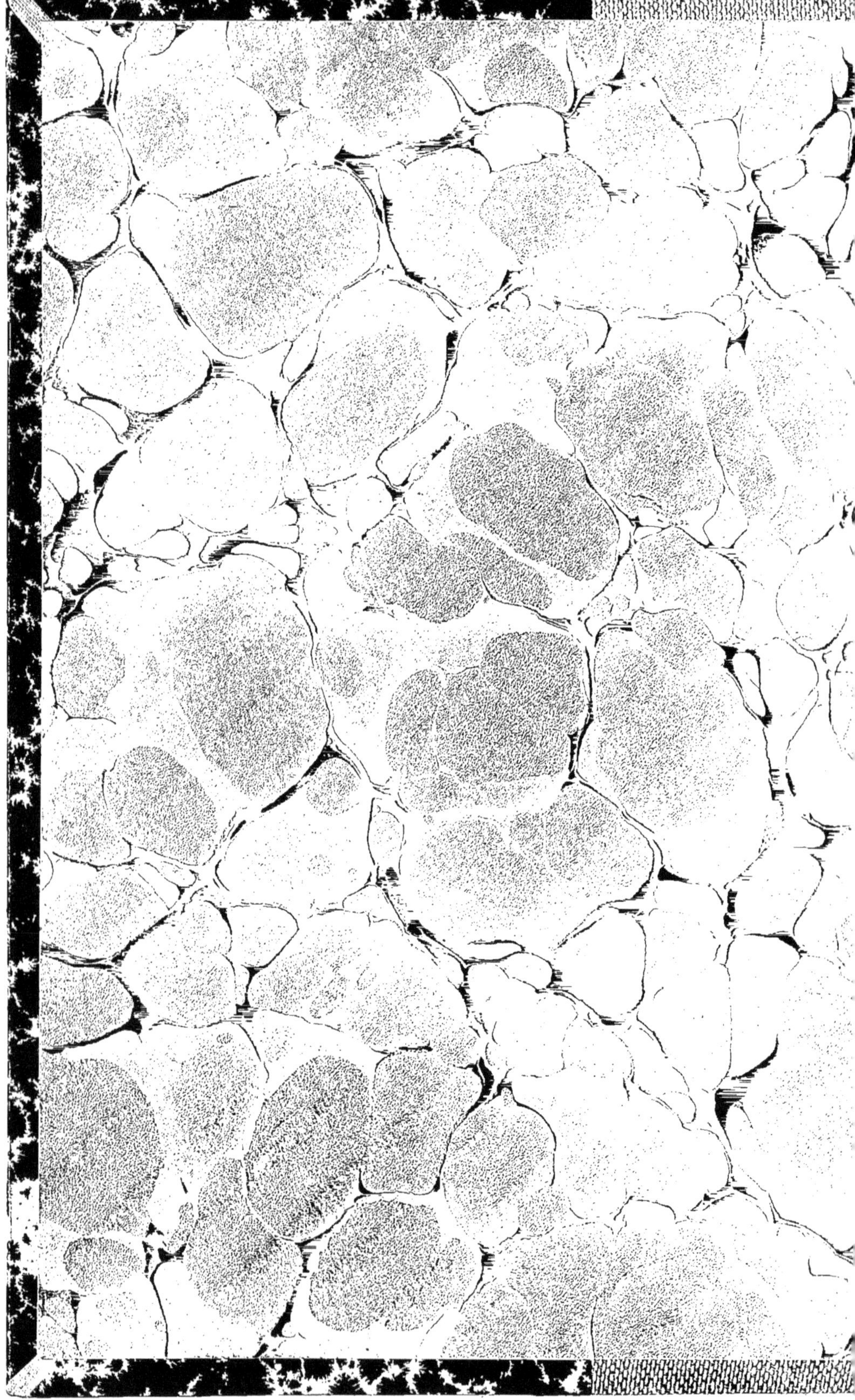

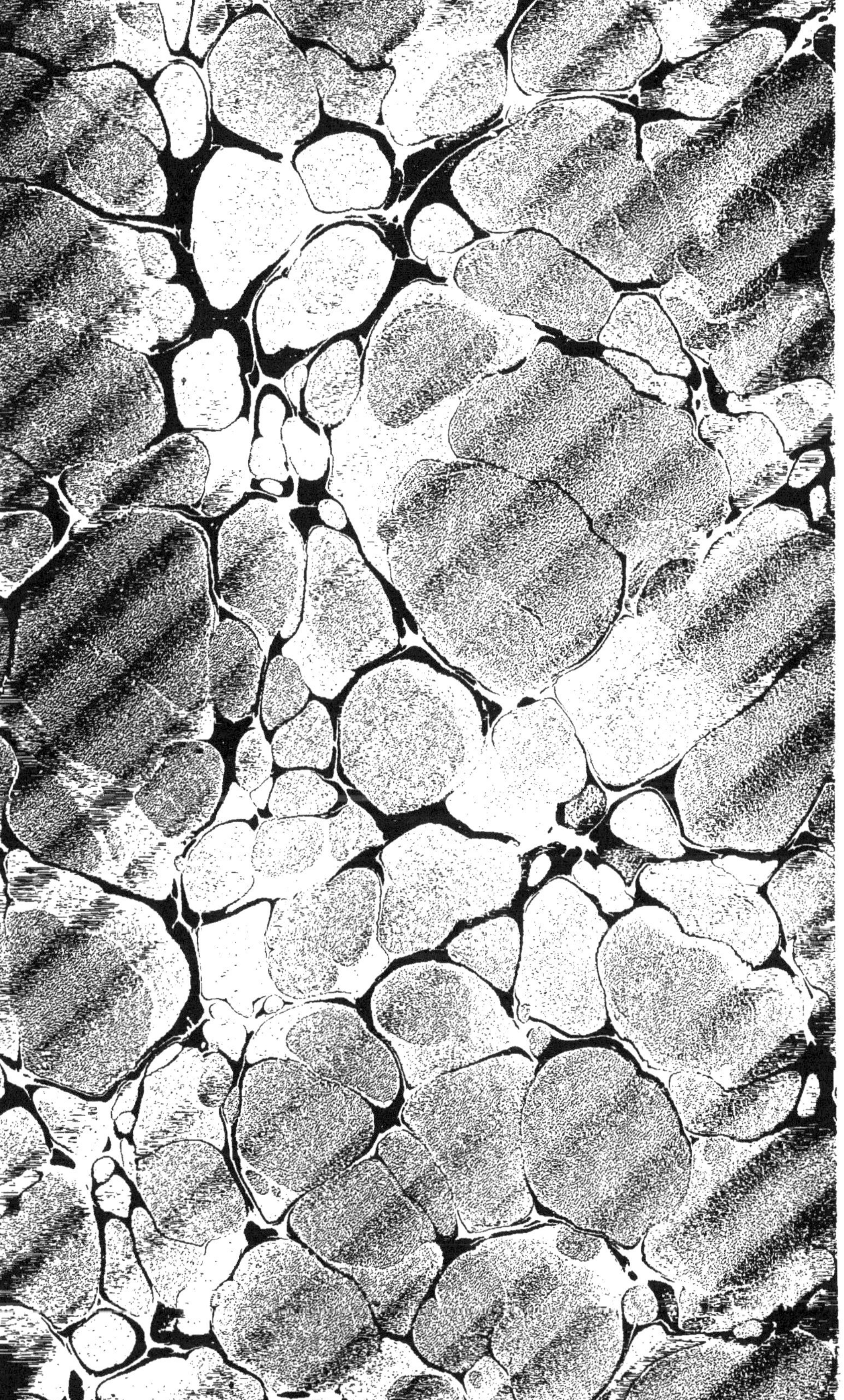

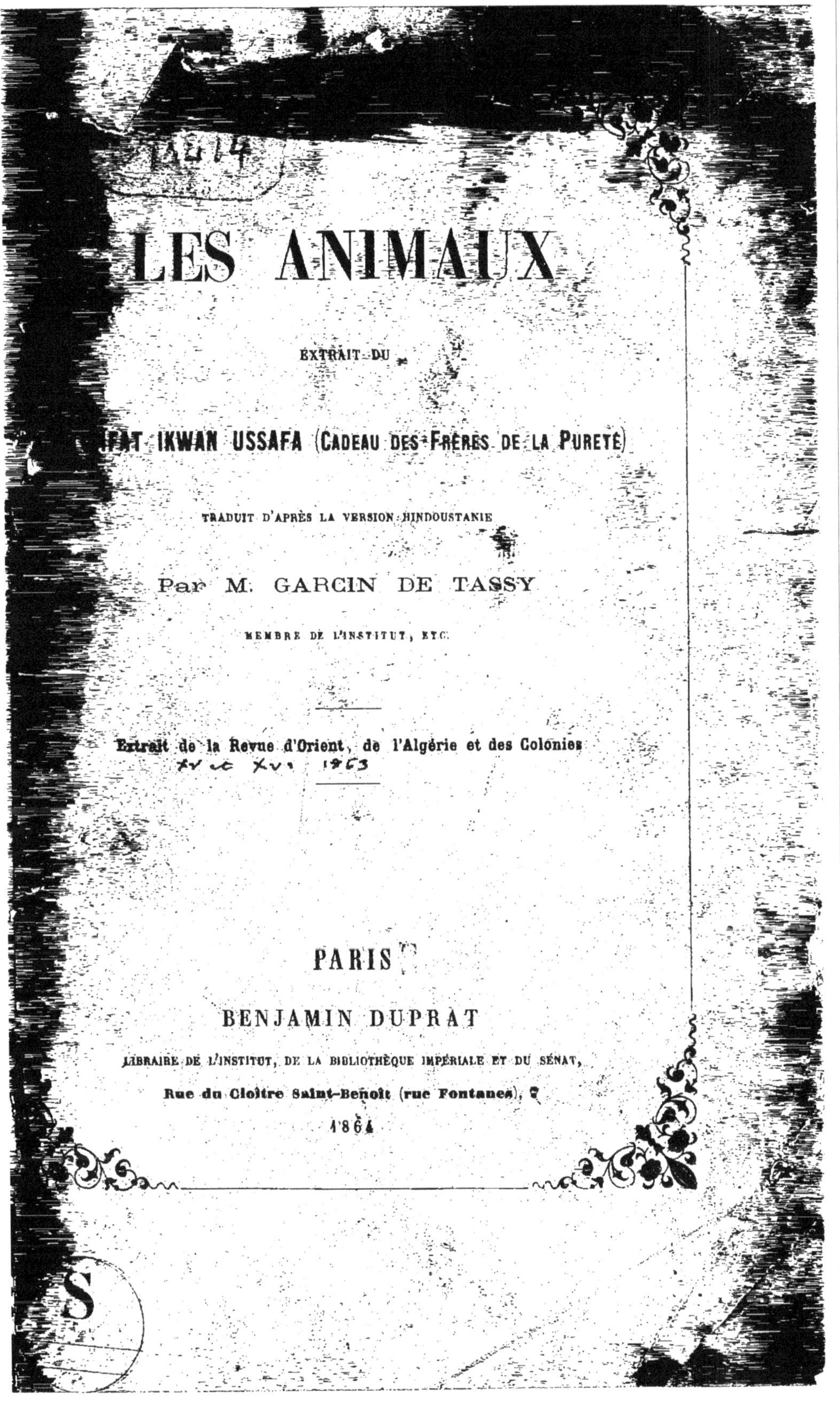

LES ANIMAUX

EXTRAIT DU

…FAT IKWAN USSAFA (CADEAU DES FRÈRES DE LA PURETÉ)

TRADUIT D'APRÈS LA VERSION HINDOUSTANIE

Par M. GARCIN DE TASSY

MEMBRE DE L'INSTITUT, ETC.

Extrait de la Revue d'Orient, de l'Algérie et des Colonies
XV et XVI 1863

PARIS

BENJAMIN DUPRAT

LIBRAIRE DE L'INSTITUT, DE LA BIBLIOTHÈQUE IMPÉRIALE ET DU SÉNAT,

Rue du Cloître Saint-Benoît (rue Fontanes), 7

1864

LES ANIMAUX

PARIS. — IMPRIMERIE DE V. GOUPY ET Cᵉ, RUE GARANCIÈRE, 5.

LES ANIMAUX

EXTRAIT DU

TUHFAT IKWAN USSAFA (CADEAU DES FRÈRES DE LA PURETÉ)

TRADUIT D'APRÈS LA VERSION HINDOUSTANIE

Par M. GARCIN DE TASSY

MEMBRE DE L'INSTITUT, ETC.

PARIS

BENJAMIN DUPRAT

LIBRAIRE DE L'INSTITUT, DE LA BIBLIOTHÈQUE IMPÉRIALE ET DU SÉNAT,

DES SOCIÉTÉS ASIATIQUES DE PARIS, DE LONDRES, DE MADRAS,
DE CALCUTTA, DE SHANG-HAI ET DE LA SOCIÉTÉ ORIENTALE AMÉRICAINE DE NEW-HAVEN (ÉTATS-UNIS),

Rue du Cloître Saint-Benoît (rue Fontanes), 7

Près le Musée de Cluny.

1864

LES ANIMAUX

Extrait de l'ouvrage arabe intitulé : *Cadeau des frères de la Pureté* (*Tuhfat ikwân issafâ*) [1],

TRADUIT POUR LA PREMIÈRE FOIS EN FRANÇAIS, D'APRÈS LA VERSION HINDOUSTANIE,

Par GARCIN DE TASSY,

Membre de l'Institut, etc.

CHAPITRE Ier. — *Condition originelle des hommes, leur discussion avec les animaux et leur recours au roi des jinns, Biwarâsb.*

Les historiens ont exposé ainsi qu'il suit la situation des hommes au commencement de la création. Tant qu'ils étaient en petit nombre ils se cachaient dans des cavernes, par la crainte qu'ils éprouvaient des animaux, et se réfugiaient sur les collines et les montagnes, à cause de la terreur qu'ils leur inspiraient. Ils jouissaient donc de trop peu de tranquillité pour se réunir, même en petit nombre, afin de cultiver la terre et d'en tirer de quoi se nourrir ; à plus forte raison ne pouvaient-ils se procurer des vêtements pour se couvrir. Ils n'avaient pour toute nourriture que les fruits et les racines

[1] Ceci n'est qu'une petite portion de ce célèbre ouvrage, qui a été écrit dans le VIIIe siècle, et dont le savant orientaliste A. Sprenger a donné une notice curieuse dans *le Journal de la Société asiatique du Bengale*, t. XVII. Voy. aussi ce que j'en ai dit moi-même dans mon *Hist. de la littér. hind.*, t. Ier, p. 239 et suiv.

que leur fournissaient naturellement les bois, et ils n'avaient pour vêtement que les feuilles des arbres. Pendant les chaleurs ils habitaient les endroits frais, et pendant l'hiver, les endroits chauds.

Mais lorsqu'un certain laps de temps se fut ainsi passé et que l'espèce humaine se fut accrue, la crainte des animaux, qui s'était emparée de tous les esprits, se dissipa entièrement. Les hommes commencèrent à construire des forteresses, des villes, des villages, et à y demeurer. Ils préparèrent les ustensiles d'agriculture et s'occupèrent de la culture des terres. Ils prirent les animaux dans des filets et les employèrent à leur usage : des uns ils se servirent de monture ou pour porter des fardeaux, des autres, pour les aider dans les travaux de l'agriculture. C'est ainsi que les éléphants, les chevaux, les chameaux, les ânes et autres animaux qui auparavant erraient librement dans les bois et les forêts et paissaient l'herbe verte à leur gré sans que personne les en empêchât, c'est ainsi, dis-je, qu'ils eurent alors, jour et nuit, leurs membres écorchés et leur dos ulcéré. Ils avaient beau mugir, crier et braire, monseigneur l'homme n'y faisait pas attention. Aussi la plupart d'entre eux, par la crainte d'être pris, s'enfuirent dans les déserts et dans les bois. Les oiseaux mêmes laissèrent leurs nids et quittèrent leurs pays avec leurs petits. Et les hommes, dans la persuasion que tous les animaux étaient leurs esclaves, les poursuivirent par toutes sortes de ruses, leur tendant des filets et leur dressant des trappes.

Quelque temps se passa ainsi; mais enfin, Dieu très-haut envoya sur la terre le dernier prophète du temps, Mahomet Mustafâ, sur qui soit la paix, pour diriger les créatures dans la voie droite. Ce prophète véridique montra le chemin de la loi aux égarés. La plupart des jinns obtinrent même la grâce de la foi et l'honneur d'être admis dans la religion musulmane. Lorsque cet état de choses eut duré pendant quelque temps, le sage Biwarâsb, surnommé *Schâh mardân* (roi des hommes), devint roi des jinns. Il était si juste que, de son temps, le tigre et la chèvre buvaient de l'eau sur la même rive; à bien plus forte raison n'y avait-il ni escrocs, ni voleurs, ni filous, ni fripons. Le siége de l'empire de ce roi juste était l'île de Balâ Sâgûn, près de l'équateur.

Par hasard un navire rempli d'hommes, poussé par les vents contraires, vint à échouer sur le rivage de cette île. Les marchands et les savants qui étaient sur le navire descendirent à terre et se mirent à parcourir l'île. Ils trouvèrent que le printemps y régnait; que des fleurs et des fruits de toute espèce ornaient les arbres; que des ruisseaux coulaient de tous côtés; que les animaux paissaient de frais pâturages et, gras et vigoureux, folâtraient entre eux. Comme l'eau et l'air de cette île étaient excellents et que la terre y était humectée, aucun d'eux ne voulut la quitter. Ils construisirent des habitations de différents genres et se fixèrent dans cette île; puis ils se mirent à prendre les animaux dans des filets et, conformément à leur habitude, à s'en servir pour leur usage.

Les animaux, voyant qu'on ne les laissait plus tranquilles, prirent le chemin du désert. Les hommes de leur côté, dans la pensée que tous les animaux devaient leur être asservis, se mirent, comme auparavant, à leur dresser toutes sortes de piéges pour s'en emparer. Lorsque les animaux eurent reconnu les dispositions perfides des hommes, ils se réunirent à leurs chefs et se présentèrent au tribunal de la justice. Là, ils exposèrent en détail à Biwarâsb, le sage, tous les actes de tyrannie qu'ils avaient subis de la part des hommes. Quand le roi eut entendu le récit des griefs des animaux, il donna ordre d'envoyer des messagers pour amener devant lui les hommes. Ce fût ainsi que soixante-dix individus habiles et éloquents, habitants de différentes villes, se présentèrent à la seule injonction royale. On eut soin de préparer pour les recevoir un endroit convenable et, trois jours après leur arrivée, lorsqu'ils furent remis de la fatigue du voyage, Biwarâsb les fit comparaître devant lui. A la vue du trône royal, les hommes accomplirent les témoignages de respect exigés par l'étiquette, et se tinrent debout l'un à côté de l'autre.

Le roi Biwarâsb était très-équitable et fort juste, et il avait la prééminence sur ses contemporains et ses égaux pour la bravoure et la générosité. Les pauvres et les malheureux qui venaient dans ses États y trouvaient du soulagement à leur misère. Dans toute l'étendue de son royaume il n'était pas pas permis au puissant de tyranniser le faible. Sous son règne on ne faisait pas les choses défendues par la loi, et personne ne songeait à agir contrairement à ce que Dieu agrée. Biwarâsb demanda avec bienveillance à ces hommes pourquoi ils étaient venus dans son royaume, et comment il se faisait qu'ils n'avaient fait aucun acte de soumission.

Un de ces hommes qui connaissait le monde, et qui était éloquent, fit sa révérence et répondit au nom de tous : « Sire, nous avons entendu parler de la justice et de l'équité de Votre Majesté, et c'est ce qui nous a engagés à nous mettre sous votre protection. Personne jusqu'ici de ceux qui réclament votre justice n'est retourné, frustré dans son espoir, du seuil de votre porte. Nous espérons donc que Votre Majesté jugera équitablement notre cause. — Que désirez-vous? dit Biwarâsb. — Sire, répondit-il, ces animaux sont nos esclaves; toutefois, quelques-uns d'entre eux échappent à nos poursuites et, quoique nous ayons soumis les autres, ils refusent de reconnaître notre autorité. — Possédez-vous, dit le roi, quelque preuve de votre prétention? car on ne peut admettre, dans le tribunal de la justice, une prétention sans preuve. — Sire, dit l'orateur, il existe au sujet de cette prétention des preuves morales et traditionnelles. — Expliquez-vous, dit le roi. » Alors un des hommes présents, qui descendait de S. S. 'Abbâs [1], monta sur la chaire qui se trouvait là et se mit à prononcer le discours suivant :

« Je dois d'abord adresser mes louanges au vrai Dieu, qui a préparé sur la face de la terre tout ce qui est nécessaire pour la nourriture et le bien-être des créatures humaines. Combien d'animaux différents tous créés pour l'avantage de

[1] Le premier des khalifes abbassides.

l'homme, dont la charpente matérielle est si faible? Heureux ceux qui marchent selon la volonté de Dieu, dans le chemin qui conduit à l'éternité bienheureuse! Que dire de ceux qui s'en éloignent injustement par désobéissance? Et le prophète véritable, Mahomet Mustafa, est digne de nos bénédictions illimitées, lui que Dieu très-haut a envoyé, après tous les autres prophètes, pour la direction des hommes et pour être leur chef. Il est en réalité le roi des hommes et des jinns, et au dernier jour il sera l'appui et l'asile de tous. Que le salut et la paix soient sur les gens de sa famille pure qui ont réglé les affaires de la religion et de l'État et ont propagé l'islamisme.

« Enfin qu'à chaque instant soit loué ce Créateur, l'Être existant par lui-même qui a créé Adam d'une goutte d'eau et qui, par sa toute-puissance, l'a fait père de nombreux enfants. D'Adam il créa Ève; il peupla la terre de millions d'hommes; il leur donna la prééminence sur les autres créatures; il leur asservit la terre et la mer. Il les nourrit de différentes espèces d'excellentes choses, en sorte qu'il a dit dans le Coran : « Quant aux troupeaux, nous les avons créés pour vous. Vous « y trouvez vos vêtements et d'autres avantages, et vous vous « en nourrissez. Vous êtes charmés quand vous les ramenez « le soir et quand vous les conduisez le matin [1]. » Et ailleurs [2], Dieu a encore dit : « Vous parcourez la terre montés « sur les chameaux, et la mer sur des navires. » Et ailleurs [3] : « Les chevaux, les mulets, les ânes ont été créés pour vous « servir de monture. » Il est écrit dans un autre endroit [4] : « Montez sur leur dos, et gardez en mémoire les bienfaits « de votre Dieu. » Outre ces textes, il y a aussi bien d'autres versets du Coran qui ont été révélés à ce sujet. De plus, il résulte du Pentateuque et de l'Évangile, que les animaux ont été en effet créés pour nous. De toute façon, nous sommes leurs maîtres et ils sont nos esclaves. »

[1] XVI, 5, 6.
[2] XXIII, 22.
[3] XVI, 8.
[4] XLIII, 12.

Quand le roi eut entendu ce discours, il se tourna du côté des animaux et leur dit : « L'orateur des hommes a appuyé ses prétentions à votre sujet sur des textes du Coran. Actuellement, faites-moi connaître ce que vous croyez pouvoir répondre. » Le mulet prit alors la parole avec la langue de son état [1], et prononça le discours suivant :

« Louange à l'Être unique et pur, à celui qui existe de toute éternité dans la plus parfaite indépendance. Il existait avant la création du monde visible sans avoir de lieu et en dehors du temps. Par le seul mot *kun* (sois) il a fait sortir toutes les créatures de derrière le voile du mystère. Il a placé au rang le plus élevé les sphères célestes qu'il a formées d'eau et de feu. Il a envoyé de tous côtés la race d'Adam dans le monde pour le cultiver et non pour le détruire ; pour avoir soin des animaux, tout en tirant d'eux des avantages, et non pour les tyranniser ni les opprimer.

« Sire, les versets du Coran que cet homme a cités n'impliquent pas que nous soyons les esclaves des hommes et qu'ils soient nos maîtres; car ces versets font seulement mention des bienfaits que Dieu leur a départis, ainsi que le prouve le verset suivant [2] : « Dieu a créé les animaux pour « ton usage, comme il a créé aussi pour toi le soleil, la lune, « le vent et la pluie. » On ne doit pas induire de ce texte que les hommes sont nos maîtres et que nous sommes leurs esclaves. Mais Dieu a créé toutes les choses dans la terre et au ciel de telle façon qu'elles dépendent l'une de l'autre ; car elles tirent l'une de l'autre des avantages et en éloignent les inconvénients. Si Dieu nous a mis dans la dépendance des hommes, c'est seulement dans notre propre intérêt, et non comme les hommes se l'imaginent et comme ils le disent subtilement et malicieusement, parce qu'ils sont nos maîtres et nous leurs esclaves.

« Avant que l'homme fût créé, nous et nos ancêtres nous

[1] C'est-à-dire pour la manière d'être sans parler au moyen de la langue.

[2] XXII, 38, etc.

vivions sans contrainte sur la face de la terre : nous paissions de tous côtés et nous allions et venions où nous voulions, occupés à chercher notre nourriture. Bref, nous habitions ensemble sur les montagnes ou dans les bois et les forêts, et nous élevions nos petits [1]. Reconnaissants de ce que Dieu nous avait départi, nous célébrions jour et nuit ses louanges. Nous ne connaissions que lui ; nous demeurions paisiblement dans nos habitations, sans que personne s'occupât de nous.

« Après qu'un certain espace de temps se fut ainsi passé, Dieu très-haut forma Adam de terre et en fit son khalife sur toute la terre. Lorsque les hommes se furent multipliés, ils se mirent à errer dans les bois et les forêts. Puis ils étendirent leur main sur nous, malheureux. Ils s'emparèrent des chevaux, des ânes, des mulets, des bœufs, des chameaux, et les employèrent à leur service. Mais actuellement ils ont accompli à notre égard, par violence et tyrannie, des vexations que nos pères n'avaient jamais éprouvées. Qu'avions-nous à faire ? Désespérés, nous avons fui dans les bois et les déserts ; mais ils n'ont pas cessé de nous y poursuivre de toute manière ; et quand, fatigués et harassés, nous tombons entre leurs mains, ils nous lient et nous emportent, puis ils nous font souffrir toutes sortes de cruautés. Ils nous tuent, ils nous écorchent ; ils brisent nos os, ils nous éventrent ; ils arrachent nos entrailles ; ils nous mettent à la broche ; ils nous font rôtir au feu et nous mangent : telle est leur conduite à notre égard. Et encore, non contents de cela, ils prétendent être justement nos maîtres et nous leurs esclaves, et qu'ainsi, si l'un de nous s'enfuit, il est coupable. Mais rien ne prouve une telle prétention ; ce n'est qu'une affaire de ruse, de tyrannie et d'oppression. »

[1] On voit, par ce passage, que l'idée des six grands jours ou époques de la création n'est pas moderne.

CHAPITRE II. — *Délibération du roi des jinns avant de décider entre l'homme et les animaux.*

Quand le roi eut appris quelle était la situation des animaux, il voulut s'appliquer avec soin à la décision de ce cas, et pour le faire il réunit les cazis, les muftis, les notables et les principaux officiers des jinns. Tout de suite, ces personnages, conformément à cet ordre, se présentèrent à la cou royale. Alors le roi dit aux hommes : « Les animaux ont ex posé leurs plaintes et leurs doléances au sujet de votre tyrannie : qu'avez-vous à y répondre? » Alors un individu d'entre eux, après avoir fait sa révérence, s'exprima en ces termes : « Asile du monde, ceux-ci sont en effet nos esclaves et nous sommes leurs maîtres. Il est tout à fait juste que nous ayons sur eux une puissance absolue et que nous faisions d'eux ce qui nous plaît. Ceux qui se soumettent à notre obéissance sont approuvés de Dieu, et ceux qui s'en éloignent s'éloignent de Dieu. »

« Expliquez, dit le roi, sur quelle preuve et quel diplôme vous appuyez vos prétentions, et quelles sont vos raisons. — D'abord, répondit l'homme, voyez les belles formes que nous a données le Très-Haut. Chacun de nos membres a des fonctions qui lui sont propres. Notre corps est élégant, notre taille droite, notre esprit et notre intelligence tels que nous distinguons facilement le bien du mal. Que dis-je? nous connaissons la composition du ciel et nous pouvons la décrire. Qui, d'entre les animaux, possède ces facultés? Il est ainsi évident que nous sommes justement les maîtres, et les animaux nos esclaves. »

« Les preuves que les hommes apportent, répondirent les animaux, sont loin d'établir évidemment leurs prétentions. — Mais ne savez-vous pas, dit le roi, que la manière élégante de s'asseoir et de se lever est l'attribut caractéristique des rois, et que la mauvaise tournure et la mauvaise tenue est le propre des esclaves? » Un des animaux répliqua : « Que Dieu très-haut accorde à Votre Majesté sa faveur excellente et qu'il la garde des malheurs terrestres! Voici ce que j'ai à répondre à ce qu'a dit Votre Majesté : Le Créateur n'a pas donné aux hommes la forme et la stature qu'ils ont pour qu'ils soient nos maîtres absolus; et il ne nous a pas donné les corps et les figures que nous avons pour que nous soyons leurs esclaves. Dieu est éminemment sage, et il n'est aucune de ses œuvres qui n'annonce sa sagesse. C'est ainsi qu'il a donné à chacune de ses créatures la forme qu'il a jugée convenable. »

CHAPITRE III. — *Sur les formes diverses des animaux.*

« Lorsque Dieu créa les hommes, continua l'animal orateur, ils étaient tout à fait nus : ils n'avaient rien sur leur corps pour les couvrir du froid ou les garantir de la chaleur. Ils mangeaient les fruits des bois et se couvraient le corps avec des feuilles d'arbre. C'est ainsi que leur stature est droite et allongée, afin qu'ils puissent cueillir les fruits des arbres et en prendre facilement les feuilles pour en faire usage. L'herbe, au contraire, est notre nourriture, et c'est pour cela que notre corps est courbé, afin de paître aisément et de n'éprouver aucune difficulté à ce sujet. »

« Mais que répondez-vous, dit le roi, au texte du Coran : « Nous avons donné à l'homme une belle forme [1] ? » — Sire, répliqua l'animal, outre le sens extérieur, la parole divine comporte beaucoup d'autres explications que personne ne connaît, hors les savants. C'est donc à eux qu'il faut les demander. » Alors, d'après l'ordre du roi, un sage érudit expliqua ainsi la signification du verset cité : « Ce fut un beau « jour que celui où Dieu créa Adam : les étoiles brillaient « dans leur sphère élevée et exerçaient une heureuse in- « fluence sur les éléments : aussi les formes de l'homme

[1] xcv, 4.

« furent-elles admirables, sa taille droite, ses pieds et ses « mains bien façonnés. » Il est dit aussi dans un autre verset : « Dieu a donné à l'homme un corps bien ajusté [1]. »

« Les belles proportions, dit le roi, et la convenance des membres ne sont-elles pas suffisantes pour témoigner de l'excellence de l'homme ? — Mais notre condition, répondirent les animaux, est pareille. Dieu nous a aussi accordé des membres bien proportionnés et convenables à leurs fonctions. Ainsi, sous ce rapport, nous sommes égaux. — Quelle est donc, dit l'homme, la proportion des membres dont vous parlez? vos figures sont très-laides, votre taille sans élégance, les pattes de devant et de derrière mal tournées. Par exemple, le chameau a un gros corps, un long cou et une petite queue ; l'éléphant est énorme et lourd, il a deux grandes dents qui sortent de sa bouche, ses oreilles sont larges et lisses, mais ses yeux sont très-petits ; le bœuf et le buffle ont une grande queue, d'épaisses cornes, et n'ont pas de dents en haut ; la brebis a de lourdes cornes et le dos large ; la chèvre a une grande barbe et pas de dos ; le lièvre est court de taille et pourvu de longues oreilles. Il y a aussi beaucoup d'animaux carnassiers et herbivores et bien des oiseaux dont la forme est irrégulière, et dont les membres ne s'harmonisent pas entre eux. »

Un des animaux présents dit alors, en entendant ce discours : « Tu ne conçois rien aux œuvres du Créateur. Nous sommes ses créatures aussi bien que les hommes ; et il a aussi donné à nos membres les qualités et les formes convenables. Y trouver des défauts, c'est en trouver au Créateur lui-même. Ne sais-tu donc pas que Dieu, dans sa sagesse, a tout créé pour une utilité quelconque. Personne ne connaît son secret, si ce n'est lui et les savants. »

« Si tu es, répartit l'homme, docteur chez les animaux, indique-moi quel avantage il y a à ce que le chameau ait un aussi long cou. — C'est, dit l'animal, parce que ses jambes

[1] LXXXII, 7, 8.

sont longues : or, si son cou était court, il lui serait difficile de brouter l'herbe. C'est donc pour cela que Dieu lui a donné un long cou. Il s'en sert en outre pour s'aider à se relever lorsqu'il est couché, et pour atteindre de ses lèvres toutes les parties de son corps. C'est pour le même motif que Dieu a donné à l'éléphant, au lieu d'un long cou, une longue trompe, et de grandes oreilles, pour chasser les mouches et les moustiques et les empêcher d'entrer dans ses yeux ou sa bouche, toujours ouverte à cause de ses dents, qui s'opposent à ce qu'il la ferme, et qui ne sont si longues que pour qu'il puisse se défendre des attaques des animaux sauvages. Quant au lièvre, il a de grandes oreilles parce que son corps est très-délicat et sa peau fine, et qu'il se garantit, au moyen de ses oreilles, tant du froid que de la chaleur.

« Bref, Dieu très-haut a donné à chaque animal les organes qu'il a su être le plus appropriés à ses besoins, ainsi qu'il l'a dit par la bouche de Moïse : « Dieu a créé chaque être; et il « lui a donné la direction nécessaire[1]. »

« Vous êtes dans l'erreur en croyant à l'excellence de votre beauté et en vous en glorifiant, vous imaginant ainsi d'être justement nos maîtres et nous vos esclaves. La beauté de chaque espèce de créature est spéciale, elle n'est relative qu'à l'espèce elle-même, et elle est destinée à y exciter des sentiments d'affection et à favoriser la propagation de la famille. La beauté d'une espèce est indifférente à l'autre. Chaque animal aime la femelle de son espèce et est indifférent à toute autre, serait-elle bien plus belle. C'est ainsi que, même parmi les hommes, les nègres ne recherchent pas les blancs, ni les blancs les nègres. Votre beauté n'est donc que relative, et vous avez tort de vous enorgueillir à notre égard.

« Vous vous flattez faussement aussi d'avoir les sens plus parfaits que nous. Quelques animaux ont plus de perspicacité et de sensibilité. Ainsi le chameau a de grands pieds, un long cou, une tête élevée, et toutefois il sait où mettre le pied dans

[1] Cor., XX. 52.

la nuit la plus obscure et cheminer dans les routes les plus difficiles, tandis que vous avez besoin de torches et de lampes. Le cheval entend de loin les pas d'un voyageur, et lorsqu'il comprend que c'est un ennemi, il réveille son cavalier et le fait sauver. Si quelqu'un vient à laisser un bœuf ou un âne dans un chemin qui lui est inconnu, l'animal retourne à sa place habituelle sans jamais se tromper; tandis que, vous autres hommes, quand vous avez l'occasion de passer par un chemin que vous avez parcouru plusieurs fois, vous êtes embarrassés et vous vous perdez souvent. Lorsque au matin on emmène des centaines de petits (agneaux ou chevreaux) au pâturage, le soir ils reconnaissent leurs mères, et leurs mères les reconnaissent; tandis que si d'entre vous quelqu'un reste hors de sa maison et qu'il y revienne ensuite, il ne reconnaît plus ni sa mère, ni sa sœur, ni son père, ni son frère.

« Si vous étiez raisonnables, vous ne tireriez pas vanité des choses que Dieu vous a départies par l'effet de sa bonté et de son affection; car les gens sages et intelligents ne se glorifient que de ce qu'ils ont acquis à force de peine et de travail, et de ce qu'ils ont appris des sciences spirituelles et morales par leurs études et leurs efforts. Vous n'avez donc pas à vous croire supérieurs à nous; c'est seulement de votre part une prétention dénuée de preuves, et c'est une querelle dépourvue de motifs que vous nous cherchez. »

CHAPITRE IV. — *Plaintes de chaque animal en particulier à l'égard de l'homme.*

Alors le roi se tourna du côté des hommes et leur dit : « Vous venez d'entendre la réponse des animaux; c'est à votre tour de parler, si vous avez encore quelque chose à dire. — Nous avons, répondirent les hommes, bien d'autres preuves pour appuyer notre prétention à leur sujet. Quelques-unes ont trait à leur vente et à leur achat, à ce que nous leur donnons à manger et à boire, à ce que nous les couvrons, à ce que nous les garantissons du froid et du chaud, fermant les yeux sur leurs fautes. Nous les mettons aussi à l'abri des attaques des bêtes féroces et nous avons soin, lorsqu'ils sont malades, de les médicamenter et de les traiter avec la plus grande compassion. Nous agissons, en cela, comme les maîtres qui traitent avec bonté et affection leurs esclaves. »

« Il est vrai, répondit l'orateur des animaux, que les hommes nous achètent et nous vendent ; mais ils agissent de même à l'égard d'eux-mêmes. Ainsi, lorsque les Persans remportent la victoire sur les Grecs, ils les vendent ; et lorsque ce sont les Grecs qui sont victorieux, ils agissent pareillement envers les Persans. Les habitants de l'Inde traitent de la même manière ceux du Sinde, et ceux du Sinde ceux de l'Inde ; les Arabes traitent ainsi les Turcs, et les Turcs les Arabes. En un mot, lorsqu'un potentat défait son ennemi, il en considère les sujets comme ses esclaves, et il les vend. Peut-on donc savoir quel est en réalité le maître et quel est l'esclave? ces différentes phases dépendent des astres, ainsi que Dieu l'a dit : « Nous changeons tour à tour les temps pour les hommes [1]. » Et en effet, les hommes intelligents comprennent parfaitement cela.

« Quant à ce que le préopinant a dit que les hommes nous font manger et boire et nous rendent d'autres services, il est nécessaire de faire observer que leur conduite à ce sujet n'a pas lieu par un effet de bonté ou d'affection de leur part, mais dans la crainte d'éprouver un préjudice pour eux-mêmes si nous mourrions, comme de ne plus pouvoir monter sur nous, nous charger de fardeaux et nous employer à d'autres labeurs. »

Après ce discours, chacun des animaux se plaignit individuellement au roi de la tyrannie particulière des hommes à son égard. Ainsi l'âne dit : « Dès l'instant que nous tombons au pouvoir des hommes, ils chargent notre dos des choses les plus lourdes, telles que pierres, briques, fer, bois, etc., ce

[1] Coran, III, 134.

qui rend notre marche des plus pénibles; et cependant ils arment leurs mains de bâtons et de fouets, dont ils ne cessent de nous frapper le dos. Pourquoi venir donc parler de compassion et de bonté, comme l'a fait cet homme? »

« Quand nous sommes en la possession de l'homme, dit à son tour le bœuf, on nous attache à la charrue, à la meule de moulin ou à la presse à huile; on met à notre bouche un mors, on nous bande les yeux et, non contents de cela, on nous frappe, avec des fouets et des bâtons, le dos et la tête. »

« Que de souffrances ne nous font pas endurer les hommes! dit à son tour la chèvre. Ils enlèvent nos petits à leurs mères, afin d'allaiter leurs enfants de leur lait; ils leur lient les pattes de devant et de derrière et les portent à la boucherie, malgré les cris et les gémissements de ces malheureux. Là, bien loin de leur donner à manger et à boire, on les tue; on les écorche, on leur fend le ventre, on leur brise la tête, on leur arrache le foie; puis on les porte aux boutiques des bouchers, on les met en pièces, on les embroche pour les faire rôtir, ou on les met au four. Nous sommes témoins de ces horribles souffrances, mais nous n'osons ouvrir la bouche, et nous gardons le silence. »

« Quand les hommes nous ont en leur possession, dit ensuite le chameau, ils font entrer dans nos narines une cordelette au moyen de laquelle ils nous conduisent. On place sur notre dos les fardeaux les plus lourds, et on nous fait marcher dans les ténèbres de la nuit au milieu des collines et des montagnes. Par l'effet des cahots des *kajâwa* [1], nos dos sont écorchés, et la plante de nos pieds est blessée par les pierres. On nous emmène où l'on veut, malgré nous, nous malheureux, bien que nous soyons affamés et altérés. »

« Quant à nous, dit à son tour l'éléphant, les hommes nous jettent au cou des cordes et mettent des entraves à nos pieds,

[1] Synonyme de l'arabe *haudah,* qui est le nom qu'on donne aux paniers qu'on place sur le dos des chameaux.

et le cornac, de sa baguette de fer, nous frappe à droite et à gauche et sur la tête. »

Puis le cheval prit la parole et dit : « Dès l'instant que les hommes peuvent s'emparer de nous, ils mettent une bride à notre bouche, une selle sur notre dos; ils nous entourent les reins d'une étroite ceinture, ils nous couvrent même quelquefois d'une armure de fer et nous montent ensuite pour aller combattre. Affamés et altérés, les yeux pleins de poussière, nous allons au combat ; nous recevons des coups d'épée sur nos têtes, des coups de lance et des flèches sur notre corps, et nous nageons dans une rivière de sang. »

« Pour nous, dit le mulet, nous supportons aussi toute espèce de vexations. On met des cordes à nos pieds, des brides et des mors à nos bouches. On ne nous laisse pas un instant pour aller trouver nos femelles. Les palefreniers et les domestiques mettent des bâts sur nos dos, et les mains armées de bâtons et de fouets, ils nous en frappent la tête et le corps; de plus, ils nous disent les injures les plus grossières qui leur viennent à la bouche. Que toutes ces injures retombent sur eux et sur leurs maîtres, car ils les méritent bien.

« Si le roi veut considérer toute leur folie et leur sottise et les paroles impures qu'ils disent, il se convaincra que la malice de tout le monde, ainsi que son ignorance, converge en eux; mais il ne peut s'en faire une idée. Ils n'écoutent jamais les recommandations et les avis de Dieu et du prophète, bien qu'ils lisent les versets suivants : « Si vous désirez le par-
« don de votre Dieu, pardonnez aux autres [1]. — O Mahomet!
« dis aux croyants de pardonner les fautes des infidèles [2].
« — Tous les animaux qui rampent ou qui marchent sur la
« terre, comme ceux qui volent dans l'air, forment des com-
« munautés comme vous [3]. — Lorsque vous montez sur les

[1] XXIV, 22.

[2] A la lettre : « de ceux qui n'espèrent point dans les jours de Dieu. » XLV, 13.

[3] VI, 38.

« chameaux, souvenez-vous des bienfaits de votre Dieu et « dites : Louange à Dieu, qui nous a soumis un tel animal « que nous n'aurions pu soumettre. Nous retournerons à « Dieu [1]. »

Quand le mulet eut terminé son discours, le chameau dit au pourceau : « Expose aussi tes griefs devant ce roi, modèle de justice, dans l'espoir que dans sa bienveillance et sa compassion il délivre des mains des hommes ceux d'entre nous qui sont devenus leurs esclaves; car votre communauté est aussi herbivore. — Non, dit un homme savant, le pourceau n'est pas herbivore, mais carnivore. Ne sais-tu donc pas que ses dents sortent en dehors de sa bouche et qu'il mange les corps morts? — Non, dit un autre, le pourceau est herbivore, car il a le pied fourchu et il mange de l'herbe. — Il est à la fois, dit un troisième, herbivore et carnivore, et il est pareil au caméléopard, qui participe à la nature du bœuf, du chameau et du léopard, et à l'autruche, qui réunit en son corps la forme de l'oiseau et celle du chameau. »

« Je ne sais que dire, répondit le pourceau au chameau, ni de qui me plaindre. Les opinions sont diverses à notre sujet. Les Musulmans nous considèrent comme impurs et maudits; ils trouvent notre forme détestable et notre chair dégoûtante, et ils évitent même de faire mention de nous. Les Grecs, au contraire, mangent avec avidité notre chair; ils nous considèrent comme bénis et propres à être offerts en sacrifice. Les juifs nous détestent et nous traitent en ennemis : ils nous accablent d'injures et nous maudissent sans motif, parce qu'ils haïssent les chrétiens et les Grecs. Les Arméniens nous mettent à l'égal du bœuf et du chevreau, et au-dessus d'eux quant à la graisse, à la chair et à la fécondité. Les médecins grecs emploient souvent notre graisse dans leurs médecines et la conservent pour cet usage. Les bergers et les palefreniers nous tiennent auprès de leurs animaux domestiques et de leurs chevaux, soit dans les étables et les

[1] XLIII, 12.

écuries, soit dans les champs, parce que par là ces animaux sont préservés de beaucoup de calamités. Les sorciers et les magiciens couvrent de notre peau leurs livres et leurs formules. Les bottiers et les cordonniers aiment à se servir des poils de notre bouche pour leur ouvrage : aussi nous les arrachent-ils avec empressement. Tu vois donc que nous sommes fort embarrassés de savoir qui louer et qui blâmer à notre sujet. »

Quand le pourceau eut fini de parler, l'âne regarda du côté du lièvre, qui se tenait auprès du chameau, et il lui dit : « Développe devant le roi tout ce que les hommes font souffrir à ta communauté, dans l'espoir que Sa Majesté éprouve de la compassion envers nous et nous délivre de leurs mains. —Nous vivons loin des hommes, dit le lièvre ; nous fuyons les endroits qu'ils habitent et nous demeurons dans les grottes et les bois, et ainsi nous sommes à l'abri de leur tyrannie ; mais nous sommes tourmentés à l'excès par les chiens et les autres animaux de chasse, qui aident les hommes pour se saisir de nous et viennent nous chercher dans nos retraites. Il en est de même des bœufs, des chameaux, des chèvres et autres animaux comme nous qui, eux aussi, se réfugient dans les montagnes, et que les hommes font poursuivre de la même manière. On peut, à la vérité, ajouta le lièvre, excuser le chien de chasse, car son secours est nécessaire à l'homme, et d'ailleurs il aime notre chair. Il n'est pas de notre espèce, car il est carnivore ; mais comment se fait-il que le cheval, qui est herbivore et qui ne mange pas notre chair, aide aussi l'homme contre nous, si ce n'est par l'effet de sa stupidité et de sa sottise? »

CHAPITRE V. — *Éloge du cheval.*

Quand l'homme eut entendu les paroles du lièvre, il lui dit : « Garde le silence ; tu as fortement critiqué le cheval, mais tu n'aurais pas énoncé ces absurdités si tu avais su que le cheval est le plus excellent des animaux. Il est le fidèle associé de l'homme, et il a des qualités précieuses et inappréciables. Sa forme est belle, ses membres sont bien proportionnés, sa stature est de belle apparence; il a beaucoup d'instinct; il a un magnifique pelage; il a des sens parfaits; il est léger à la course, obéissant à son cavalier; il se tourne, à son gré, à droite, à gauche, devant, derrière, enfin là où on veut qu'il aille; il ne se refuse pas aux plus grandes fatigues. Il est si poli que, lorsqu'il a un cavalier sur son dos et que sa queue vient à être souillée par la boue ou mouillée par l'eau, il ne l'agite pas, dans la crainte d'éclabousser son maître. Il a la force de l'éléphant; car il galope, le dos chargé d'un cavalier armé de casque, de bouclier, de cuirasse, avec la bride, le mors et une armure de cinq cents *manns*. Il est si patient et si endurant que dans les combats il reçoit sur sa poitrine, sans se plaindre, les blessures des coups de lance. Il est si rapide dans sa course que le vent n'arrive pas à la poussière que ses pieds soulèvent. Il a la démarche du taureau, et il s'élance comme le léopard. Si le cavalier fait un pari à son sujet, il se met à galoper avec vitesse, et fait parvenir son cavalier au but avant ses compétiteurs. Dans quel autre animal ces belles qualités se trouvent-elles? »

« On doit néanmoins convenir, dit le lièvre, qu'avec toutes ces belles qualités, le cheval a un grand défaut qui les obscurcit toutes, c'est qu'il est très-sot et fort stupide. Il ne distingue pas son ami de son ennemi. S'il a un ennemi sur son dos, il lui obéit, et il assaille et attaque même, d'après l'impulsion de cet ennemi, celui chez qui il est né et chez qui il a été nourri toute sa vie. Il est, sous ce rapport, pareil à l'épée, qui est sans cœur, et qui ne fait pas de distinction entre l'ennemi et l'ami, qui coupe aussi tranquillement le cou de son maître et de celui qui l'a fabriquée que de son ennemi et de son adversaire, ne faisant aucune distinction entre eux.

« Cette disposition existe aussi chez les hommes; car le père et la mère, le frère et la sœur et les autres parents sont en inimitié; et il n'est sorte de fourberie et de trahison qu'ils n'emploient l'un envers l'autre. La même conduite qu'ils tiennent avec leurs ennemis, ils la tiennent envers leurs proches. Dans leur enfance ils tettent le lait de leur mère, ils sont élevés sur ses genoux, et lorsqu'ils arrivent à la jeunesse ils en deviennent l'ennemi; de même qu'ils boivent le lait des animaux et qu'ils se font des vêtements de leur peau et de leur poil, et que néanmoins ils tuent ces mêmes animaux, les écorchent, les éventrent et les mettent sur le feu, oubliant entièrement, dans leur insensibilité et leur cruauté, le bien et les avantages qu'ils en ont retirés. »

Lorsque le lièvre eut terminé ses paroles de blâme contre l'homme et le cheval, l'âne lui dit : « Assez de critique; quel est l'individu auquel Dieu a départi d'excellentes qualités et qu'il n'a pas privé d'une qualité spéciale? quel est celui qui est dépourvu de toutes les qualités et auquel Dieu n'a pas accordé une qualité qu'il a refusée aux autres créatures? Personne dans le monde ne possède tous les mérites et toutes les excellences. Les bontés de l'Être généreux et indépendant ne se bornent pas à une seule espèce. Ses bienfaits se répandent sur tous, mais sur quelques-uns avec abondance et sur d'autres avec parcimonie. Celui à qui Dieu a accordé le commandement, a aussi empreint sur son corps le stigmate de l'esclavage. Quelle dignité n'a-t-il pas donnée au soleil et à la lun ? lumière, splendeur, grandeur, élévation : ces excellences et ces prérogatives sont telles que quelques peuples ont, par ignorance, pris pour leurs dieux ces astres; et toutefois ils ne sont pas à l'abri des éclipses, ce qui est une marque, d'après les gens intelligents, que ces êtres ne sont pas dieux, puisqu'ils s'obscurcissent et se cachent. Dieu a donné de la même manière de l'éclat aux étoiles; mais il disparaît par l'effet de la lumière du soleil, et nuit et jour elles opèrent leur course, afin de montrer qu'elles ne sont que des créatures. Tel est la condition des jinns, des hommes et des anges. Si quelques-uns d'eux ont de grandes qualités, ils ont de petits défauts. La perfection n'est qu'à Dieu, et à nul autre. »

Lorsque l'âne eut fini de parler, le bœuf prit la parole en

ces termes : « Il faut que l'être à qui Dieu a accordé des faveurs qu'il n'a pas données aux autres créatures, en témoigne sa reconnaissance en les y faisant participer. Ainsi Dieu a rendu lumineux le soleil; mais le monde tout entier jouit de son éclat, et il n'en est avare envers personne. Il en est de même de la lune et des étoiles, qui éclairent aussi le monde à leur manière, sans favoriser personne en particulier. Il faut donc que les hommes, que Dieu a comblés de ses bienfaits, soient généreux envers les animaux et les traitent avec bonté. »

Le bœuf n'eut pas plus tôt fini de parler que tous les animaux, grinçant des dents et pleurant, se mirent à dire : « O roi juste, aie compassion de nous et délivre-nous de la tyrannie et de l'injustice des hommes! » En entendant ces plaintes amères, le roi se tourna du côté des savants et docteurs d'entre les jinns qui étaient présents, et il leur dit : « Avez-vous entendu l'exposition des animaux au sujet de la tyrannie, de la cruauté et de la méchanceté des hommes? — Oui, répondirent-ils, nous l'avons entendu; et tout ce que les animaux ont dit est vrai. Le jour et la nuit en sont témoins, leur injustice n'est cachée à aucune personne intelligente et sérieuse. C'est pour cela que les jinns eux-mêmes ont quitté les pays que les hommes habitent et se sont réfugiés dans les bois et les forêts, ou sont allés se cacher dans les rochers et les montagnes, dans les rivières et les mers, et ont tout à fait renoncé, à cause des actes iniques et du mauvais naturel des hommes, à vivre dans des villes. Aux lieux mêmes où ils se sont réfugiés, ils ne sont pas à l'abri de leur méchanceté. Les hommes ont de nous une si mauvaise idée et une telle défiance que, si un enfant, une femme, un homme tombe malade ou devient imbécile ou fou, ils prétendent que c'est dû à un jinn ou à son ombre. Ils sont toujours dans l'appréhension relativement à nous et cherchent à se préserver de nos malices. Toutefois on n'a jamais vu un jinn tuer un homme, ni même le blesser, enlever ses vêtements, ou le voler d'une manière quelconque; percer le mur d'une maison pour y dérober, couper la poche ou déchirer la manche de quelqu'un (pour le voler); briser la serrure d'une boutique, frapper un voyageur, se révolter contre un roi, se livrer au pillage, emprisonner quelqu'un. Mais les défauts des hommes sont tels, qu'ils cherchent jour et nuit à se faire du mal l'un à l'autre sans en éprouver du regret, ni même en avoir la conscience. »

Après ce discours l'appariteur (chobdâr) annonça que l'audience était terminée, et que chacun devait se retirer en sa demeure, puis revenir le lendemain matin.

CHAPITRE VI. — *Délibération entre le roi Biwarasb et son ministre.*

Quand le roi eut quitté l'audience, il prit à part son ministre Bédar (éveillé), et il lui dit : « Tu as entendu les demandes et les réponses des hommes et des animaux, donne-moi maintenant ton avis là-dessus. Quelle décision dois-je prendre, et qui a raison des deux? » Le vizir Bédar était un jinn très-intelligent et très-prudent. Après les politesses et les salutations d'usage, et après avoir exprimé les vœux qu'il faisait pour le bonheur du roi, il dit : « Il convient, selon moi, que Votre Majesté appelle auprès d'elle les juges, les savants et les sages, et qu'elle prenne conseil d'eux au sujet de cette affaire qui est très-importante, mais pour laquelle on ignore de quel côté est le droit. Dans de telles choses un conseil est nécessaire, et une réunion spéciale ne peut qu'avoir un bon résultat. Il faut que l'intelligent et le prévoyant ne s'immiscent pas dans de telles affaires sans avis et consultation. »

En conséquence de l'opinion du vizir, le roi convoqua tous les notables et les grands officiers des jinns; et ainsi les cazis qui étaient de la famille de la planète de Jupiter, les muphtis de celle de Vénus, les docteurs de la famille du sage Locmân, les gens d'expérience de celle de Hâmân [1], les sages de celle de Saturne, les gens résolus de celle de la planète Mars se

[1] Nom du ministre de Pharaon.

présentèrent, et le roi leur dit : « Les hommes et les animaux ont porté plainte devant moi et sont venus se réfugier dans mon royaume. Tous les animaux se plaignent de la tyrannie et de l'injustice des hommes. Donnez-moi un bon conseil sur ce que je dois faire et comment je dois juger leur cause. »

Un savant de la famille de Vénus dit alors : « Ce qu'il y aurait de mieux, selon moi, serait que tous les animaux exposassent par écrit leur position vis-à-vis des hommes et leurs griefs contre eux, et qu'ensuite ils demandassent aux savants leur décision à ce sujet. Si on peut les délivrer de quelque manière, les cazis et les muphtis ordonneront soit de les vendre ou de les mettre en liberté, soit de les accabler de fatigue ou de les soulager et de les combler de biens. Si les hommes n'agréent pas la décision des juges et que les animaux s'enfuient loin de leur tyrannie, alors ce ne sera pas la faute de ces derniers. »

Lorsque le roi eut entendu exposer cet avis, il demanda aux autres membres de l'assemblée ce qu'ils en pensaient. Tous dirent qu'ils partageaient l'opinion de l'orateur, à l'exception d'un jinn d'esprit, qui s'exprima ainsi qu'il suit : « Si les hommes consentent à vendre les animaux qu'ils ont en leur possession, qui est-ce qui leur en donnera le prix? — Le roi, répondit le préopinant. — Mais d'où le roi pourra-t-il tirer tant d'argent? — Du trésor public. — Y aura-t-il des fonds suffisants pour payer cette somme? D'ailleurs, bien des hommes ne voudront pas vendre leurs animaux, dont ils ont besoin, et se soucieront peu du prix qu'on pourra leur en donner. Ainsi le roi lui-même, ses ministres et bien des grands personnages qui ne peuvent aller à pied, ne consentiront jamais à vendre leurs montures et refuseront d'obtempérer à cet ordre. »

« Quel est donc ton avis personnel? dit le roi. — Il faut, dit le jinn, que le roi ordonne aux animaux de s'enfuir, d'un commun accord, dans une même nuit, et de se retirer loin des hommes, dans une contrée éloignée, comme l'ont déjà fait les daims et d'autres animaux sauvages et carnassiers.

Lorsqu'un matin les hommes ne les trouveront pas, comment feront-ils pour leurs fardeaux à porter et de quelles montures se serviront-ils? Ils ne pourront pas aller à la recherche de leurs animaux à cause de la distance, et ils resteront assis sans mot dire. De cette manière, les animaux obtiendront leur délivrance. »

« Ce plan, dit un descendant de Locmân, est mauvais, absurde et inexécutable ; car la plupart des animaux sont attachés pendant la nuit, les endroits où ils sont tenus sont fermés, et des surveillants sont préposés à leur garde : comment donc pourraient-ils s'échapper? »

« Mais, répliqua le jinn intelligent, le roi devra donner ordre à tous les jinns d'aller, cette nuit, ouvrir les portes des prisons des animaux, détacher les liens de leurs pieds et les mettre en liberté, puis emprisonner leurs gardiens, et ne les laisser aller que lorsque les animaux seront bien loin. Cet acte ferait grand honneur au roi. Tel est l'avis que je me permets de donner à Votre Majesté par compassion pour les animaux. Si le roi se décide à faire cet acte de bonté, Dieu lui accordera son aide et son appui. Rendons grâces de ses bienfaits à Dieu, qui secourt et sauve ceux qui sont tyrannisés. On dit qu'il est écrit dans les livres de quelques prophètes que Dieu a déclaré aux rois qu'il ne leur a pas soumis la face de la terre pour thésauriser ni pour rester occupés avidement des choses du monde, mais pour rendre la justice à leurs sujets, même infidèles. »

« Qu'avez-vous à répondre? demanda le roi aux jinns. — Nous approuvons cette idée, » dirent-ils. Toutefois un sage *saturnien* ne partagea pas l'opinion générale. « La chose, dit-il, est difficile dans la pratique, et même impossible de toute manière. Il y a beaucoup d'inconvénients auxquels on ne peut remédier et de dangers qu'on ne peut éviter dans le mode de délivrance qu'a proposé le préopinant. En effet, quand les hommes se lèveront au matin, ne trouveront pas les animaux et s'apercevront qu'ils ont pris la fuite, ils comprendront que ce n'est pas un homme qui est l'auteur de cet acte, encore moins que les animaux ont pu seuls l'exécuter, mais que c'est une ruse et une fourberie des jinns. Quand ils verront que les animaux se sont échappés de leurs mains et qu'ils en éprouveront du dommage dans leur intérêt, ils en seront très-mécontents et très-chagrins; ils deviendront les ennemis des jinns, qu'ils détestent déjà, et manifesteront de plus en plus envers eux leur animosité et leur inimitié. Les sages ont dit : L'homme sensé est celui qui vit en paix avec ses ennemis et qui se met en garde contre leur haine. — Mais devons-nous, dit un jinn spirituel, craindre l'inimitié des hommes? Elle ne peut aller bien loin. Notre corps est de feu, il est souple et léger, et il peut voler en l'air; tandis que le corps des hommes est d'argile et ne peut que marcher sur la terre. Nous pouvons les observer sans peine, tandis qu'ils ne peuvent nous voir. De quoi avons-nous donc peur? »

« Tu n'y entends rien, répondit le Saturnien. Bien que l'homme soit de terre, il a toutefois en lui une âme céleste et un esprit angélique qui lui donnent sur nous la prééminence; car en effet les hommes connaissent bien des ruses et des artifices que nous ignorons. Dans les temps anciens, il y a eu entre les hommes et les jinns de grandes contestations. L'animosité entre eux est naturelle, et leur inimitié innée s'est manifestée dès les premiers temps. »

CHAPITRE VII. — *Récit de la querelle de l'homme avec les jinns.*

Lorsque Dieu créa l'homme, continua le sage, les jinns habitaient la terre. Les bois, les endroits habités et les mers étaient sous son empire. Quand bien des jours se furent passés, la prophétie, la loi, la religion, s'établirent, et les jinns désobéirent et s'égarèrent. Ils n'agréèrent pas les avis et les conseils des prophètes, et ils répandirent la corruption. Les habitants de la terre adressèrent leurs doléances à la cour de Dieu, et lui firent entendre leurs plaintes et leurs cris.

Lorsqu'un autre espace de temps se fut encore passé et que l'hypocrisie et la tyrannie des jinns se furent accrues de jour en jour, Dieu très-haut envoya une troupe d'anges sur la face de la terre. Ceux-ci accoururent, frappèrent les jinns et les chassèrent, en enchaînèrent et en emprisonnèrent quelques-uns et habitèrent eux-mêmes la terre. Azâzîl, le diable maudit qui séduisit Adam et Ève, était du nombre des prisonniers. Il était très-jeune et fort ignorant. Il fut élevé parmi les anges et se forma à leurs usages et à leurs manières. Lorsqu'il eut appris leur science il devint le chef et le général de cette tribu, et c'était de lui qu'émanaient les ordres et les défenses.

Quelque temps s'écoula pendant cet état de choses. Puis Dieu dit à ses anges : « Je veux avoir sur la terre un vicaire qui ne soit pas pris parmi vous [1], et vous retournerez au ciel. » Mais ces anges qui habitaient la terre depuis longtemps, mécontents d'apprendre le dessein de Dieu, lui répondirent : « Mettras-tu sur la terre des êtres qui répandront la corruption (comme les jinns) et verseront le sang, tandis que nous te louons et nous te bénissons [2] ? » Dieu répliqua « Je sais ce que vous ignorez [3] ; et je jure qu'après Adam et ses enfants je ne placerai plus sur la terre ni anges, ni jinns, ni animal.

Quand Dieu eut créé Adam il souffla l'âme dans son corps, puis en tira Ève. Alors il ordonna à tous les anges de se réunir pour adorer le premier homme. Tous se conformèrent à son ordre, l'adorèrent et se reconnurent inférieurs à lui, si ce n'est Azâzîl, qui refusa en disant : « J'étais anparavant le chef et le maître ; comment obéirais-je actuellement à un autre ? » Ce fut ainsi qu'il devint l'ennemi d'Adam par envie et par jalousie.

[1] Coran, ch. II, v. 28.
[2] *Ibid.*
[3] *Ibid.*

Puis Dieu ordonna de faire entrer Adam dans le paradis et il lui dit en même temps : « O Adam, habite, toi et ta compagne, dans le paradis ; mangez joyeusement de tout ce que vous voudrez ; mais n'approchez pas de cet arbre si vous ne voulez pas être du nombre des pécheurs [3]. » Ce paradis que Dieu très-haut avait donné à Adam pour résidence, était un jardin à l'orient duquel se trouvait la montagne de rubis qu'il était impossible à aucun homme de gravir. Là, l'air était doux et la terre excellente, un printemps perpétuel y régnait, beaucoup de ruisseaux y coulaient, les arbres y étaient verdoyants, les fruits y abondaient et les fleurs de toutes espèces y épanouissaient. Les animaux sauvages qui s'y trouvaient ne faisaient de mal à personne ; des oiseaux charmants et de couleurs diverses faisaient entendre leurs chants mélodieux perchés sur les branches.

Adam et Ève allèrent donc en cet endroit et y habitèrent gaîment. Leurs cheveux étaient si longs qu'ils allaient jusqu'à leurs pieds et leur couvraient le corps, ce qui relevait leur beauté. Dans ce jardin traversé par des ruisseaux ils se promenaient délicieusement ; ils mangeaient des fruits de différentes sortes, et buvaient l'eau des sources. Ils n'avaient besoin de prendre aucune peine, ni de se livrer à aucun travail : labourer la terre, l'ensemencer, broyer le grain, cuire les aliments et les préparer, tisser les étoffes et les laver, toutes choses pénibles que sont aujourd'hui obligés de faire leurs descendants, leurs étaient inconnues. Ils passaient tranquillement leur temps en compagnie des animaux, qui les gardaient, de même qu'ils les soignaient à leur tour. Ils n'étaient troublés par aucun chagrin. Dieu indiqua à Adam les noms de tous les arbres et de tous les animaux ; puis il les demanda aux anges. — Ceux-ci les ignoraient ; aussi, stupéfaits qu'ils furent, restèrent-ils silencieux. Adam, au contraire, répondit d'une manière satisfaisante et expliqua les bonnes et les mauvaises qualités de ces êtres. Lorsque les anges l'eurent

[1] Coran, II, 33.

entendu, ils obéirent tous à Adam et le considérèrent comme étant au-dessus d'eux.

Azâzîl, qui vit l'importance de l'homme, redoubla de haine et d'envie envers lui et songea à l'avilir par toutes sortes de ruses et d'artifices ; aussi un jour alla-t-il auprès d'Adam comme pour le conseiller, et il lui dit : « Dieu vous a donné une excellence et une élocution qu'il n'a accordées à personne ; mais si vous mangez du fruit de cet arbre, vous acquerrez encore plus de science et de sagesse, et vous resterez toujours ici dans le bien-être et le repos. La mort ne vous atteindra jamais et vous jouirez toujours du bonheur. » Quand cet ange maudit eut dit en jurant : « Je suis pour vous un bon conseiller [1], » Adam et Ève se laissèrent aller à sa tromperie, et par avidité ils avancèrent la main vers cet arbre que Dieu leur avait défendu de toucher. Ce fut alors qu'ils prirent des feuilles d'arbre et s'en couvrirent le corps, qui fut mis à découvert à cause de la chute de leurs cheveux. La couleur de leur peau fut changée par l'effet de la chaleur du soleil, et elle devint noire.

Lorsque les animaux s'aperçurent de ce changement, ils éprouvèrent de la répugnance pour eux et s'en éloignèrent avec aversion. Adam et Ève furent avilis, et Dieu ordonna aux anges de les chasser du paradis et de les faire descendre de la montagne. Les anges obéirent et les mirent dans un endroit où il n'y avait ni fruit ni herbage. Ils restèrent là pleurant de chagrin et de douleur et tout confus de leur action. Quand quelque temps se fut écoulé, Dieu eut pitié d'eux, agréa leur pénitence et pardonna leur faute. Il leur envoya un ange qui leur apprit à bêcher la terre, à labourer, à semer, à moissonner, à broyer le blé, à pétrir et à faire cuire le pain, à tisser les étoffes, à les coudre et à préparer les vêtements.

Lorsque les hommes se furent multipliés, les jinns se mêlèrent avec eux ; ils leur apprirent à planter des arbres, à bâtir des maisons et divers arts ; et ils se lièrent d'amitié avec eux.

[1] Coran, VII, 20.

Ils vécurent ainsi pendant quelque temps. Mais lorsque le maudit Iblîs déploya ses ruses et ses astuces, les hommes s'imaginèrent que les jinns les détestaient et les enviaient. Lorsque Caïn (Câbîl) tua Abel (Hâbîl), les enfants de celui-ci pensèrent que c'était à l'instigation des jinns ; et ce fut ainsi qu'ils conçurent de l'inimitié et de l'animadversion contre les jinns, et qu'ils firent usage de toutes sortes de machinations pour les éloigner d'eux. Ils employèrent à ce sujet la magie, les enchantements, les prières, les amulettes ; ils enfermèrent les jinns dans des fioles et firent beaucoup d'autres choses, afin de les tourmenter. Ils étaient sans cesse occupés à agir hostilement envers eux.

Lorsque Dieu envoya le prophète Énoch (Idrîs), il rétablit la paix entre les hommes et les jinns, et leur enseigna aux uns et aux autres la religion islamique. Les jinns vinrent dans le royaume des hommes et vécurent en bonne harmonie avec eux jusqu'au second déluge, et même à partir de cette époque jusqu'au temps d'Abraham, l'ami de Dieu. Quand Nemrod eut jeté Abraham dans le feu, les hommes s'imaginèrent que les jinns avaient appris à Nemrod à se servir de la fronde; et lorsque les frères de Joseph l'eurent mis dans le puits, on pensa qu'ils s'étaient laissé entraîner à cette mauvaise action par les jinns, ce qui renouvela l'inimitié des hommes contre eux. Lorsque le prophète Moïse vint dans le monde, il rétablit de nouveau la paix entre les hommes et les jinns, et beaucoup de jinns adoptèrent la religion de cet envoyé céleste.

Vint ensuite Salomon, fils de David, que Dieu établit roi de la totalité des sept climats, qu'il rendit victorieux de tous les monarques de la terre, et à qui les hommes et les jinns furent soumis. Alors ceux-ci, par orgueil, dirent aux hommes : « C'est par notre secours que Salomon a acquis une telle puissance : si les jinns ne l'avaient pas aidé, il n'aurait pas été plus puissant que les autres souverains ; il n'aurait pas eu connaissance des choses invisibles et n'aurait pas ainsi joui parmi les hommes de la grande considération qui lui fut dévolue. Quand ce monarque mourut, les jinns l'ignoraient et ils ne savaient ce qu'il était devenu, ce qui convainquit les hommes que si les jinns avaient connu les choses cachées, ils auraient su à quoi s'en tenir là-dessus.

Lorsque Salomon eut reçu des nouvelles de la reine de Saba Balkis, par l'entremise de la huppe, il dit aux jinns : « Qui de vous pourrait amener ici en un instant Balkis sur son trône? — Moi, répondit fièrement un jinn nommé Astûs ben Aygûn ; je la soulèverai si lestement qu'elle ne s'apercevra pas qu'elle change de place. — Bien, dit Salomon, dépêche-toi. » Açaf ben Barkhyâ [1], qui savait (prononcer) le nom de Dieu (d'une manière particulière), dit de son côté : « Je l'amènerai en un clin d'œil, » et il le fit en effet. Lorsque Salomon eut vu le trône de Balkis, il perdit le sentiment et il adora Dieu (pour lui rendre grâces). Les jinns se convainquirent encore alors que l'homme avait un rang supérieur au leur ; tout honteux et tête basse, ils se retirèrent, et tous les hommes les poursuivirent frappant des mains en signe de mépris. Les jinns prirent la fuite très-avilis, mais la haine dans le cœur. Salomon envoya une armée à leur poursuite et ordonna de les renfermer d'une manière quelconque et spécialement dans des fioles. Il écrivit un livre sur leurs pratiques, lequel fut publié après sa mort.

Quand Notre-Seigneur Jésus vint au monde, appela hommes et jinns à la religion de l'islâm et indiqua à chacun le chemin de la direction, il dit à ces derniers : « Cherchez à vous élever au ciel et à vous approcher des anges. » Un certain nombre de jinns adoptèrent en effet la religion de Jésus et devinrent pieux et abstinents. Ils s'élevèrent jusqu'au ciel, ils entendirent ce qu'on y disait et le répétèrent aux prêtres.

Quand Dieu fit paraître sur la terre le dernier prophète du temps, il ne fut plus permis aux jinns d'aller jusqu'au ciel, et ils dirent alors : « Cette chose était-elle mauvaise pour les habitants de la terre, ou était-elle avantageuse pour

[1] C'est l'Asaph des Psaumes.

leur direction [1] ? » Bien des jinns devinrent alors musulmans, et ils ont vécu en paix jusqu'à présent avec les hommes. »

« O jinns, ajouta le sage saturnien, ne molestez plus désormais les hommes. Il est inutile de rappeler d'anciennes dissensions, il n'en peut résulter rien de bon. Cette inimitié est pareille à la pierre à feu qui peut mettre le monde en flammes..... Dieu nous garde! si jamais les hommes se déclarent nos ennemis, ils nous vaincront, et qui sait le mal et le dommage qui en résulteront pour nous! »

Après avoir entendu ce récit extraordinaire, tous les jinns courbèrent la tête et furent pensifs. Alors le roi demanda à ce sage de lui donner un bon conseil dans cette circonstance embarrassante : « Quelle décision, lui dit-il, pouvoir prendre à l'égard de tous ces plaignants qui sont venus porter devant moi leurs doléances et recourir à mon autorité? comment les satisfaire et les renvoyer contents dans leurs pays respectifs? — Ce n'est qu'après de mûres considérations, répondit le sage, que peut surgir un bon avis. On ne fait rien de bien quand on agit avec précipitation; ainsi, selon moi, ce qu'il y a maintenant de mieux à faire, c'est que demain le roi ait une grande réception, qu'il y invite tout le monde, afin que chacun donne ses preuves et ses raisons. Ensuite il décidera ce qui lui paraîtra le plus convenable en conséquence des débats. »

Un jinn distingué prit alors la parole et dit : « L'homme est très-éloquent et persuasif; sous ce rapport les animaux sont très-insignifiants et ne savent que dire. S'ils sont vaincus par une langue éloquente, et qu'ils ne puissent répondre à ce qu'on dira contre eux, faut-il donc les livrer aux hommes et les condamner pour toujours à la peine et au travail? — Ils souffrent avec patience et en repos leur servitude, reprit le docteur, mais les temps ne sont pas toujours les mêmes. Dieu finira par les délivrer, de même qu'il délivra les enfants d'Israël de la tyrannie de Pharaon, la tribu de David, de celle de Bakhtnaçar (Nabuchodonosor), celle de Himiar des vexa-

[1] Coran, LXXII, 10.

tions des peuples de Tobbâ [1] et qu'il sauva les Sassanides et Adanites [2] de l'oppression que leur faisait subir Ardschir (Artaxerce) et les Grecs. Le temps change pour les créatures de ce monde, conformément aux décrets de Dieu, comme le mouvement d'une roue. Chaque mille ans il peut y avoir une nouvelle période, ou bien chaque douze mille ans, ou chaque trente-six mille, ou trois cent soixante mille, ou simplement un jour qui peut être égal pour cela à cinquante mille ans. Il est certain que les changements qui ont lieu dans ce monde sont pareils à ceux du caméléon et n'ont pas toujours lieu selon le goût des créatures. »

CHAPITRE VIII. — *Conseil des hommes.*

Tandis que le roi des jinns tenait en secret conseil avec son ministre et ses grands officiers, les hommes, de leur côté, au nombre de soixante-dix habitants des différentes villes, se réunirent aussi pour s'entendre ensemble sur ce qu'ils avaient à faire. Chacun disait ce qui lui venait dans l'esprit. « Vous avez appris, dit l'un d'eux, tout ce qui a eu lieu entre vous et nos esclaves ; mais il n'y a pas encore de décision. Savez-vous si le roi des jinns s'est déterminé à quelque chose à notre sujet ? — Non, répondirent-ils, si ce n'est que le roi est fort embarrassé et que probablement il ne sortira pas demain. — Je sais, dit un autre, que demain il doit tenir conseil sur cette affaire avec son vizir. — Oui, dit un troisième, il doit, en effet, consulter là-dessus les sages et les savants. »

« Qui sait, ajouta un quatrième, l'avis que donneront les sages à notre sujet? Le roi, soyons-en sûrs, nous est favorable. — Il est à craindre, dit un cinquième, que le vizir ne soit contre nous et ne nous traite tyranniquement. — Nous avons, répondit un autre, une chose très-simple à faire : il faut lui

[1] Himiar est le nom d'une dynastie de rois du Yemen, lesquels avaient aussi le titre de Tobba. Voy. Coran, XLIV, 36 ; L, 13.

[2] C'est-à-dire les Persans et les Arabes.

faire des cadeaux et nous le rendre ainsi propice; il y a toutefois un danger à la chose. — Quel est-il donc? dit un membre de la réunion. — On peut craindre le cazi et le muphti. — Non, répondirent tous les autres, il n'y a qu'à les corrompre aussi par des présents, et ils trouveront bien quelque finesse légale pour nous être favorables; toutefois, il y a un homme intelligent et pieux qui ne fait pas acception des personnes et que le roi consulte quelquefois. Il est à craindre qu'il ne prenne la défense de nos esclaves et qu'il ne les sauve de nos mains. »

« Tu dis vrai, répliqua un autre; mais si le roi prend l'avis de ses conseillers, leurs opinions peuvent être divergentes; l'un dira peut-être le contraire de l'autre. — Les docteurs pourront donner un de ces trois avis : ou ils penseront que nous devons mettre en liberté les animaux, ou bien qu'il faut que nous les vendions et que nous en retirions le prix, ou enfin qu'il ne faut pas leur donner trop de peine, mais les alléger de leurs travaux et les traiter avec bienveillance. Or, ces trois moyens se trouvent indiqués dans la loi. — Les animaux sont venus dans notre royaume y chercher asile, dira peut-être le vizir, ils sont traités tyranniquement; il faut donc que Sa Majesté leur vienne en aide, parce que les rois sont appelés les lieutenants de Dieu. Dieu leur a, en effet, donné à gouverner la terre pour exercer la justice et l'équité sur leurs sujets, pour secourir les faibles et les défendre. Ils doivent chasser de leur royaume les oppresseurs et faire observer les préceptes de la loi, car il leur en sera demandé compte au jour de la résurrection. — Le cazi est le représentant du Prophète, dirent tous les assistants, et le roi est le défenseur de la foi [1]; on ne peut refuser d'obtempérer à leurs ordres. — Que ferez-vous, fit observer un des individus présents, si le cazi donne ordre de mettre en liberté les animaux et que vous y consentiez? — Nous répondrons, dit un autre, que nous en sommes les maîtres de père en fils, et que depuis nos pères et nos an-

[1] *Defensor fidei*, titre des rois d'Angleterre.

cêtres, les animaux ont été chez nous en esclavage et que nous en disposons à notre gré. Nous les mettrons en liberté si nous le voulons, mais non contre notre volonté.

« Si le juge dit de prouver par la loi écrite et par des témoins que les animaux sont nos esclaves héréditaires, comment ferez-vous? dit un autre. — Nous amènerons des amis respectables qui porteront témoignage à notre égard; mais si le cazi dit que le témoignage des hommes n'est pas valable parce qu'ils sont tous ennemis des animaux, et que le témoignage des ennemis ne peut être admis devant la loi; ou s'il dit : Où sont l'acte de vente et la signature? si vous êtes véridiques, apportez ces pièces : alors que devrons-nous faire? »

Lorsqu'ils entendirent ces derniers mots, tous restèrent silencieux et personne ne fit aucune réflexion. Toutefois, un Arabe s'avisa de dire : « Nous répondrons que nous avions les actes judiciaires, mais qu'une pluie torrentielle les a anéantis; et si le juge demande que nous affirmions par serment que les animaux sont nos esclaves, nous lui répondrons qu'on n'exige le serment que du plaignant et que nous sommes au contraire les défendeurs. — Mais, dit un autre, si le juge défère alors aux animaux le serment et qu'ils le prêtent pour affirmer qu'ils ne sont pas nos esclaves, qu'aurons-nous à dire? — Nous dirons, répondit un assistant, que les animaux ont prêté un faux serment et que nous avons des preuves nombreuses pour soutenir la validité de notre prétention. »

Un autre dit : « Si le cazi ordonne de vendre ces animaux et d'en recevoir le prix, que ferez-vous? » Les habitants des villes répondirent : « Eh bien! nous les vendrons et nous en retirerons le prix. » Mais les habitants des forêts et des déserts, les Arabes, les Turcs, etc., leur dirent : « La chose ne peut se faire ainsi, car si nous y consentions nous serions perdus. En effet, si nous vendons les animaux, nous éprouverons beaucoup de dommage. Nous ne pourrons plus boire de leur lait, manger de leur chair, nous vêtir de leur peau et de leurs poils, ni les employer à nos besoins; tous ces avantages seront perdus en vain. La mort est préférable à une telle vie. Ce même dommage aura lieu pour les habitants des villes, car les animaux leur sont aussi très-nécessaires. Ne pensons donc pas à les vendre ni à les mettre en liberté ; n'en concevons pas seulement l'idée dans notre esprit. Si vous consentez à les alléger de leurs fatigues et à les traiter avec compassion, c'est très-bien ; ces animaux sont comme vous des êtres vivants, ils ont comme vous de la chair et de la peau, et comme vous ils souffrent lorsqu'ils sont chargés outre mesure. Aucun bien de votre part n'a eu lieu pour mériter que Dieu vous ait soumis ces animaux, et aucun mal n'a eu lieu de leur part pour qu'ils aient été punis de la sorte. Dieu est le maître ; il fait ce qu'il veut, et personne ne peut résister à ses ordres. »

CHAPITRE IX. — *Conseil des animaux.*

Lorsque le roi eut levé la séance, tout le monde se retira et rentra chez soi. De leur côté, les animaux se réunirent et tinrent conseil entre eux. « Vous avez tous appris, dit un d'eux, la contestation qui a eu lieu aujourd'hui entre nous et nos ennemis ; mais il n'y a pas encore de décision. Que pensez-vous de la chose ? — Nous irons, dit un autre, demain matin chez le roi, nous pleurerons et nous nous plaindrons de l'injustice des hommes. Peut-être que le roi aura compassion de nous et nous délivrera de notre esclavage. Aujourd'hui il a été bienveillant envers nous ; mais il ne peut prendre une décision sans preuve ni argument ; or, pour exposer convenablement ces preuves et ces arguments, il faut une langue éloquente et facile ; car le Prophète a dit : « Lorsque vous
« recourez à moi dans vos discussions, si l'un des deux ad-
« versaires est plus habile que l'autre à se défendre, que je
« décide en sa faveur, et qu'alors ce qui revient justement à
« l'un soit attribué à l'autre, il ne faut pas que ce dernier
« s'en prévale, car autrement cette portion sera pour lui une

« portion du feu de l'enfer [1]. » Les hommes ont une plus grande facilité d'élocution et une langue bien plus éloquente que nous : il est donc à craindre qu'à cause de cette circonstance, nous perdions notre cause contre eux. Quelles mesures pouvons-nous donc prendre pour obvier à cet inconvénient? Il faut y penser mûrement. Nous sommes tous réunis, que chacun de nous exprime donc les pensées qui lui paraîtront les meilleures. »

« Selon moi, dit alors un des assistants, ce qu'il y a de mieux à faire, c'est d'envoyer des messagers auprès des animaux pour leur faire connaître ce qui se passe et les engager à charger de leur défense des fondés de pouvoir et des avocats; car dans chaque tribu d'animal il y a une excellence, une intelligence, une faconde qui ne se trouvent pas dans les autres espèces. Quand beaucoup d'amis et d'aides seront réunis, il pourra se présenter un moyen de salut et d'heureuse issue. Le secours vient de Dieu : il le donne à qui il veut. » Tous les animaux approuvèrent cette idée et, en conséquence, ils désignèrent six individus respectables à envoyer des différents côtés, c'est à savoir : un pour les animaux carnassiers, un deuxième pour les oiseaux, un troisième pour les oiseaux de proie, un quatrième pour les chenilles, les vers luisants, etc. ; un cinquième pour les vers, fourmis, serpents, scorpions, etc. ; enfin un sixième pour les habitants des eaux. La chose ayant été ainsi arrangée, ces envoyés partirent pour leurs destinations respectives.

CHAPITRE X. — *Portrait du premier envoyé.*

Lorsque l'individu envoyé vers les animaux carnassiers fut arrivé auprès de leur roi Abû'lhâris (le lion), il lui dit : « Une discussion s'est élevée devant le roi des génies entre les hommes et les animaux. Ces derniers ont envoyé des indi-

[1] Ceci est un *hadis* ou sentence de Mahomet, et ne se trouve pas dans le Coran.

vidus vers toutes les classes de leur espèce, afin d'en obtenir du secours; et c'est ainsi que j'ai été envoyé auprès de vous. Donnez-moi une armée avec un chef pour la commander, afin qu'il vienne avec moi, qu'il s'associe aux autres animaux et, quand son tour viendra, qu'il agisse contre les hommes; car les hommes ont la prétention d'être nos maîtres, et que nous soyons leurs esclaves. »

« De quoi donc, dit le lion, se glorifient-ils? si c'est de leur force et de leur bravoure; d'attaquer, de sauter, de se battre, j'enverrai mon armée contre eux : elle tombera sur eux, et d'un seul coup elle les dispersera et les mettra en déroute. — Ils se glorifient aussi, dit le messager, d'autres qualités : ils connaissent bien des arts et des métiers, des ruses et des finesses; ils connaissent l'usage des boucliers, des épées, des piques, des lances, des dagues, des couteaux, des flèches, des arcs et de bien d'autres armes. Ils couvrent leur corps, pour se garantir des atteintes des griffes et des dents des animaux féroces, de cuirasses, de cottes de maille et de casques. Pour s'emparer des animaux sauvages ils mettent en œuvre nombre de ruses et d'astuces : ils tendent des filets et des embûches; ils creusent des trous, des fossés et des puits dont ils recouvrent l'ouverture de terre et d'herbe. Lorsque les pauvres animaux passent là-dessus sans défiance, ils tombent et ne peuvent plus se sauver. Il n'a été encore fait aucune mention de ces choses auprès du roi des jinns; il faut donc en apporter des preuves et des témoignages avec une éloquence de diction et une habileté de langage qui saisisse l'esprit et l'intelligence. »

Quand le roi eut entendu ce discours de l'envoyé, il réfléchit quelques instants, puis il donna ordre de faire venir tous les animaux carnassiers qui composaient son armée. En conséquence de cet ordre, les différents genres d'animaux féroces, tels que tigres, loups, singes de toute sorte, belettes; bref, toutes les catégories d'animaux carnassiers et qui ont des griffes pour se défendre, se présentèrent. Le roi leur répéta tout ce qui avait été dit, et il ajouta : « Qui d'entre vous veut aller joindre les animaux? S'il y va et qu'il fasse triompher nos preuves et nos arguments, je lui donnerai tout ce qu'il me demandera et je le comblerai d'honneurs. »

Tous ces animaux réfléchissaient sur cette proposition, lorsque la panthère, qui était ministre du lion, lui dit : « Tu es notre roi et notre chef, et nous sommes tes dépendants et tes sujets. Il faut que le roi gouverne, agissant en toutes choses avec prudence et convenance, et en prenant conseil des sages; et, d'un autre côté, les sujets doivent obéir aux ordres du roi, les écoutant de l'oreille de l'âme. Le roi est, en effet, comme la tête du corps, et les sujets en sont les membres. Lorsque le roi et les sujets restent chacun dans leur position respective, les affaires marchent bien, et le royaume conserve une bonne organisation. »

« Quelles sont les qualités, dit le roi à la panthère, qui sont nécessaires au roi et aux sujets? indique-les-moi. — Il faut que le roi, répondit la panthère, soit juste, brave et sage; qu'il soit attentif à toutes choses; qu'il soit aussi bienveillant envers ses sujets qu'un père et une mère envers leurs enfants, en sorte qu'il les rende contents et heureux. Quant aux sujets. il faut qu'ils obéissent fidèlement au roi et qu'ils soient empressés à son service; qu'ils lui indiquent les arts et les industries qu'ils connaissent; qu'ils lui donnent, dans l'occasion, des conseils utiles; qu'ils lui exposent leurs besoins et en sollicitent son secours. »

« Tu dis vrai, répliqua le lion; mais que faut-il faire dans la circonstance présente? — Que l'étoile de votre bonheur, répondit la panthère, soit toujours brillante, et que Votre Majesté soit toujours victorieuse! si on a besoin de force, de vigueur, de bravoure, de colère, je suis l'animal qu'il faut. Confiez-vous à moi, et je mènerai l'affaire à bonne fin. — S'il s'agit, dit le léopard, de sauter, de s'élancer, de saisir et de s'emparer de quelqu'un, on peut se fier à moi. — Si on a besoin d'un animal pour attaquer, dit le loup, pour piller, pour ravager, je m'en charge. — S'il faut agir de ruse et d'astuce, dit le renard, on doit songer à moi. — S'il est nécessaire, dit la belette, de chercher, de dérober, de rester caché, personne n'est plus capable que moi de remplir ces conditions. — Si on désire, dit à son tour le singe, quelqu'un pour danser, sauter, grimacer, je suis tout prêt. » De son côté, le chat s'offrit pour faire le câlin et le gentil, et pour montrer de la souplesse; le chien, pour garder, aboyer, remuer la queue; enfin, le rat, pour ronger, souiller et faire du mal.

« Toutes les qualités qui viennent d'être mentionnées, dit le roi en s'adressant à la panthère, sont nécessaires pour s'opposer à l'armée des hommes, commandée par des rois et des omras. Si, en effet, leur forme et leur figure sont pareilles aux anges à l'extérieur, leurs actes les rendent parcils aux lions et aux autres animaux féroces. Toutefois, ceux d'entre eux qui sont habiles dans les sciences et la jurisprudence et qui se distinguent par un grand discernement, ceux-là sont en effet semblables aux anges. Qui donc pourrons-nous envoyer pour représenter les animaux dans leur discussion avec l'homme? »

« Les observations de Votre Majesté sont justes, dit la panthère; mais cependant les savants et les jurisconsultes d'entre les hommes, auxquels vous attribuez des qualités angéliques, ont actuellement pris des habitudes diaboliques. Jour et nuit ils sont en discussion et en dispute, et cherchent à se nuire l'un l'autre. Les chefs et les rois se sont aussi détournés de la voie de la justice et de l'équité, et sont entrés dans celle de la tyrannie et de l'iniquité. — Tu dis vrai, répliqua le roi; mais il faut que mon envoyé soit doué des plus grandes et des plus excellentes qualités. Il faut qu'il reste toujours dans la vérité, et qu'il ait enfin tout ce qu'on peut désirer pour ces fonctions. Y a-t-il quelqu'un, dans cette assemblée, qui soit digne d'être choisi? »

CHAPITRE XI. — *Qualités que doit avoir un envoyé.*

« Quelles sont, dit la panthère, les qualités qu'on doit trouver dans un messager? veuillez bien, Sire, m'en donner le détail. — Il faut d'abord, répondit le roi, que l'envoyé soit intelligent et éloquent. Il ne faut pas qu'il oublie ce qu'il entend, mais qu'au contraire il le retienne avec soin dans sa mémoire. Qu'il ne dise à personne les secrets du cœur; qu'il accomplisse fidèlement les commissions qu'on lui confie, qu'il parle peu, et qu'il soit surtout réservé pour ce qui concerne les affaires pour lesquelles il est employé. Qu'il ne dise que ce qu'il est chargé de dire. Qu'il fasse tous ses efforts pour faire réussir sa commission, et qu'il y mette tout le dévoûment possible. Si la partie adverse excite sa cupidité, il ne faut pas qu'il soit ébranlé dans le chemin de la bonne foi et de la droiture, et qu'il se précipite, tête baissée, dans le puits de la perfidie et de la perdition. Que dans une ville autre que celle où il a affaire, il ne se laisse pas aller au désœuvrement, qu'il retourne au plus tôt, qu'il fasse connaître dans son pays ce qu'il aura appris, et qu'il donne à son maître les avis confidentiels qu'il croira utiles; qu'il n'omette pas, par crainte, un seul point des ordres qu'il aura reçus, car il faut qu'un envoyé transmette fidèlement ses messages. »

Le roi dit ensuite à la panthère : « Quel est, selon toi, dans cette troupe, l'animal le plus capable de se charger de cette commission? — Personne, répondit la panthère, n'y est plus propre que Kalilah, le frère de Dimnah [1]. — Qu'en dis-tu toi-même? dit le roi au chacal. — La panthère s'exprime conformément à la vérité, que Dieu l'en récompense et fasse réussir ses désirs! Je suis le serviteur de Votre Majesté, et je suis disposé à lui obéir; mais j'ai beaucoup d'ennemis parmi mes compagnons, et je ne sais comment me conduire. Il y a

[1] Chacal qui est le héros du principal apologue du recueil des Fables de Bidpay.

d'abord les chiens qui me détestent; car le roi n'ignore pas qu'ils sont très-familiers et intimes avec l'homme, et qu'ils les aident à prendre les animaux carnassiers. »

« Par quelle raison, dit le roi, les chiens sont-ils si attachés aux hommes et attaquent-ils les animaux carnassiers? pourquoi laissent-ils les êtres de leur classe et s'associent-ils avec ceux d'une autre espèce? » Ce fut l'ours qui crut pouvoir donner l'explication demandée : « J'en connais la raison, dit-il : la liaison des chiens avec les hommes est motivée sur la convenance des caractères et la ressemblance des qualités; et, en outre, les chiens y trouvent leur avantage pour le manger et le boire. Ils ont d'ailleurs les mêmes défauts que les hommes : l'envie, l'avarice, etc., et c'est une cause de plus de leur accord. Les animaux carnassiers se gardent de leur méchanceté. Les chiens mangent la chair soit crue, soit cuite; soit permise, soit défendue; soit fraîche, soit sèche; salée et fade; bonne et mauvaise; telle enfin qu'ils la trouvent. En outre, ils mangent des fruits et des herbages; du pain, des vesces, du lait, du beurre, du caillé aigre et doux, du ghi (beurre fondu), de l'huile, du miel, des sucreries, des grains torréfiés, et enfin tout ce dont les hommes se nourrissent. Les animaux carnassiers, au contraire, ne mangent pas de ces choses; bien plus, ils ne les connaissent pas.

« L'avidité et l'avarice est portée chez les chiens à un tel point qu'ils ne laissent venir aucun animal dans les habitations, par la crainte qu'ils n'y mangent quelque chose. Si jamais, tout d'un coup, un renard ou un chacal vient de nuit dans un village et emporte soit un poulet, soit un rat, soit un chat, soit un animal mort quelconque ou un morceau de pain, voilà que les chiens aboient avec violence, attaquent avec force l'animal voleur et le chassent. C'est à cause de leur avidité qu'ils sont vils et méprisés. Lorsqu'ils voient du pain ou quelque chose de bon à manger dans les mains d'un homme, d'une femme ou d'un enfant, ils remuent par avidité la tête et la queue. Si, par compassion, on leur jette un morceau, il faut voir avec quel empressement ils le prennent, pour que quelqu'un autre ne s'en empare pas. Tous ces défauts existent aussi dans les hommes; et c'est à cause de cette ressemblance que les chiens quittent les animaux de leur espèce pour se joindre aux hommes et les aider à se saisir des animaux carnassiers. »

« Outre les chiens, dit le roi, y a-t-il un autre animal carnassier qui vive dans l'intimité de l'homme? — Oui, dit l'ours, le chat est aussi très-familier avec lui; parce que sa nature s'en rapproche également : il aime entre autres comme lui manger des nourritures de toute espèce. Il est encore plus familier avec l'homme que le chien. Il demeure avec lui dans sa maison; il dort sur ses tapis; à l'heure des repas il marche sur la nappe. On lui donne de tout ce qu'on mange et si on néglige de le faire, il le dérobe. Au contraire, on ne permet jamais au chien d'entrer dans les maisons[1]; et c'est pour cela que la jalousie et la haine existent entre le chien et le chat. Lorsque le chien aperçoit le chat, il s'élance sur lui, il le met en pièces et le dévore. De son côté, lorsque le chat voit le chien, il se renfrogne, ses poils et sa queue se dressent et il s'enfle et se gonfle de colère; car il sait que le chien est son ennemi. »

« Y a-t-il encore, dit le roi, quelque autre animal familier avec l'homme. — Oui, répondit l'ours; il y a d'abord le rat qui vit dans les maisons et dans les boutiques des hommes. Il est vrai que l'amitié n'existe pas entre eux; car les rats évitent les hommes et s'enfuient à leur approche. S'ils vivent néanmoins parmi les hommes, c'est par l'effet de leur désir de manger et de boire. Enfin, il y a la belette qui s'introduit dans l'habitation des hommes, soit pour y voler et en emporter quelque chose, soit pour s'y cacher. Quant aux panthères et aux singes, les hommes s'en emparent par violence, et les retiennent, mais malgré eux. »

[1] Tel est en effet l'usage musulman, parce que le chien est considéré comme un animal immonde. A Constantinople, par exemple, les chiens errent dans les rues, et chaque quartier a sa bande particulière.

« Depuis quelle époque, demanda le roi, les chats et les chiens sont-ils familiers avec l'homme? — Depuis, répondit l'ours, que les enfants de Caïn ont dominé ceux d'Abel. En effet, après que Caïn eut tué Abel, les enfants d'Abel voulurent se venger et combattirent contre ceux de Caïn; mais ces derniers furent victorieux et en conséquence ils pillèrent tous leurs biens, s'emparèrent des quadrupèdes, à savoir bœufs, chameaux, ânes, mulets et devinrent ainsi très-riches. Ils firent de grands festins, ils apprêtèrent des mets de tout genre; ils tuèrent des animaux, et ils en envoyèrent dans toutes leurs villes et dans tous leurs villages. Comme les chats et les chiens virent cette abondance de chair et cette grande quantité de nourriture et de boisson, ils laissèrent les animaux de leur espèce, et par avidité ils accoururent dans les habitations des hommes, ils leur vinrent en aide, et jusqu'à ce jour ils vivent ensemble. »

Quand le roi eut entendu ce discours, il fut très-chagrin et dit, à plusieurs reprises : « Il n'y a de force et de puissance qu'en Dieu très-haut, très-grand. Nous sommes à Dieu et nous retournerons à lui [1]. — Pourquoi, dit l'ours au roi, Votre Majesté soupire-t-elle de ce que les chats et les chiens se sont séparés des animaux de leur espèce? — Ce n'est pas de cela que je soupire, dit le roi, mais c'est de ce que les sages ont dit qu'il n'y a rien de plus funeste aux rois et de plus fâcheux pour leur gouvernement et l'administration des sujets, que lorsque ceux de son armée auxquels il se fiait le plus, et qui étaient son appui, le quittent et se réunissent à leurs ennemis. C'est ainsi qu'ils vont et leur font connaître les temps d'indolence, le bien et le mal, et tous les secrets. Ils l'instruisent de tout, ils lui indiquent les voies cachées, et beaucoup de ruses. Ceci est un grand inconvénient pour les rois et pour leurs armées. Que Dieu ne bénisse donc jamais les chats et les chiens! »

« Tout ce que Sa Majesté désire, dit l'ours, Dieu l'a fait

[1] Cor., II, 43; XVIII, 37.

pour les chiens, et ainsi il a exaucé sa prière. Il a privé leur race des avantages et des bénédictions et les a donnés aux brebis. En effet, la femelle du chien porte beaucoup de petits, et au moment de mettre bas elle ne se délivre, qu'après beaucoup de peine et de souffrance, de huit à dix petits chiens, et quelquefois même davantage. Et cependant personne n'a jamais vu dans des lieux habités ou des jungles des troupeaux de chiens, et personne ne les tue ; tandis que les brebis, bien qu'elles ne mettent bas chaque année qu'un ou deux petits et qu'on les tue continuellement, on en voit cependant, dans les villes et les campagnes, des troupeaux si nombreux qu'on ne saurait les compter. La raison en est que les petits des chiens et des chats ont beaucoup de peine pour se procurer la nourriture nécessaire, et à cause de sa diversité, ils sont sujets à différentes maladies inconnues aux autres animaux carnassiers. C'est ainsi qu'à cause de tout le mal qui survient naturellement aux chiens et aux chats et de celui qu'ils éprouvent de la part des hommes, leur vie et celle de leurs petits est abrégée ; et ils sont avilis et malheureux. »

« Eh bien ! dit le roi à Kalila, pars ; va auprès des jinns et acquitte-toi de ton mieux de la commission dont tu es chargé. »

CHAPITRE XII. — *Arrivée du second envoyé.*

Lorsque le second envoyé fut arrivé auprès du roi des oiseaux et qu'il lui eut expliqué ce dont il s'agissait, celui-ci ordonna à tous les oiseaux de se réunir auprès de lui. En conséquence, tous les oiseaux des bois, des montagnes, des mers, s'assemblèrent en si grande quantité que personne, si ce n'est Dieu, n'aurait pu en savoir le nombre. Le roi des oiseaux leur apprit alors que les hommes avaient la prétention d'être les maîtres de tous les animaux et de les considérer comme leurs esclaves, et qu'une grande contestation s'était élevée à ce sujet devant le roi des jinns entre les hommes et les animaux. Puis il demanda au paon, qui était son ministre, lequel de tous les oiseaux était le plus éloquent, le plus disert et le plus propre à être envoyé pour soutenir la lutte des animaux contre l'homme. « Choisissez vous-même, Sire, répondit le paon. — Explique-moi, au moins, répliqua le roi, leurs qualités respectives, pour que je puisse faire un choix. — Il y a d'abord, répondit le paon, la huppe, l'espionne et la compagne de Salomon, fils de David, que tu vois accroupie, couverte d'un manteau de couleurs variées. Lorsqu'elle fait entendre ses accents, elle se courbe tellement qu'on dirait qu'elle s'agenouille et se prosterne. Elle ordonne le bien et elle défend le mal. Ce fut elle qui apporta des nouvelles de la ville de Saba au roi Salomon; et elle s'exprima ainsi à cette occasion : « J'ai vu les merveilles et les prodiges du monde « que vous n'avez pas vus. Ainsi, je vous apporte de la ville « de Saba des nouvelles qui ne sont pas mensongères. Là, « il y a une princesse dont la puissance ne saurait être dé- « crite par la langue. Elle est la souveraine absolue de ce « pays, et elle possède les ressources et les avantages du « monde entier : il ne se trouve, dans son royaume, le manque « d'aucune chose. Toutefois, elle et son peuple vivent dans « l'égarement, car ils ignorent Dieu et ils adorent le soleil. « Attendu que Satan a égaré ces gens, ils croient que leur « erreur est la vérité. Ils laissent donc le généreux Créateur « de la terre et du ciel, qui connaît ce qui est manifeste et ce « qui est caché, et ils reconnaissent comme Dieu le soleil, « qui n'est qu'un atome de sa lumière; tandis que personne « n'est digne d'adoration, si ce n'est cet être réellement « unique. »

« L'oiseau qui annonce la prière (le coq) se tient debout sur le mur. Il a les yeux rouges; il déploie ses ailes; il est très-fier et superbe; il répète sans cesse les mots du *takbîr* et du *tahlîl* [1]. Il fait connaître les temps de la prière; il instruit

[1] Noms qu'on donne aux paroles de louange et d'invocation dont le muezzîn accompagne l'appel à la prière qu'il fait du haut des minarets.

ses voisins et leur donne de bons avis. Le matin, il dit par ses cris : « O vous qui habitez le voisinage, souvenez-vous de « Dieu. Vous dormez depuis longtemps, et vous ne songez « ni à la mort, ni au malheur qui vous attend. Vous ne crai- « gnez pas le feu de l'enfer, et vous n'avez pas le désir de « posséder le ciel. Vous n'êtes pas reconnaissant des bien- « faits de Dieu. Imitez ceux qui considèrent comme un pur « néant les plaisirs du monde. Préparez-vous un viatique « pour la vie future, et si vous voulez vous préserver du feu « de l'enfer, livrez-vous à l'adoration de Dieu et à l'absti- « nence. »

« Le francolin fait entendre ses plaintes, perché sur un rocher; il a le bec blanc, les ailes pies; sa taille est courbée, à cause de ses génuflexions et de ses prosternations. Au temps de l'appel à la prière, il excite les indolents et leur annonce leurs devoirs. Il dit ensuite : « Rendez grâces à Dieu de ses « bontés, afin qu'il les augmente encore à votre égard, et ne « vous livrez pas à des pensées injustes. » Il adresse souvent aussi sa prière à Dieu en ces termes : « O Dieu, mets-moi sous « ta protection contre la méchanceté des animaux de chasse, « des chacals et des hommes; garde-moi aussi des médecins, « qui vantent l'utilité de notre chair pour les malades, et « qui m'empêchent de vivre. Je rappelle toujours le souve- « nir de Dieu. Au matin j'invite au service du Très-Haut, « espérant que tous les hommes m'entendront et agiront con- « formément à mes avis. »

« Le pigeon est un organe de direction; il prend une lettre et la transporte au loin de ville en ville. Quelquefois, pendant qu'il vole, il dit en gémissant : « Je suis fâché d'être séparé « de mes frères, et je désire être réuni à mes amis. O Dieu, « dirige-moi vers mon pays et rends-moi heureux par la « rencontre de mes amis. »

« La perdrix se promène gracieusement au milieu des fleurs et des arbres du jardin, et elle est occupée à chanter délicieusement. Elle dit sans cesse en forme d'avis et de conseil : « O vous qui détruisez la vie et l'existence, qui plantez

« des arbres dans les jardins, bâtissez des maisons dans les « villes et habitez des lieux élevés, comment pouvez-vous « vivre dans l'insouciance de la dureté des temps? Prenez « garde de ne pas oublier un seul instant le Créateur; rap- « pelez-vous ce jour où vous devez quitter cette vie et cette « habitation et entrer dans le tombeau, au milieu des ser- « pents et des scorpions. Il est donc à propos de veiller sur « vous avant de quitter ce monde, afin de parvenir au séjour « de la félicité, et non à celui du malheur. »

« La poule d'eau s'élève dans l'air à midi, comme le prédicateur dans la chaire; elle va dans les granges pleines de grains, elle fait entendre des accents de toute espèce de la plus douce manière, et elle dit dans sa *khutba :* « Où sont « ces gens de commerce et ces agriculteurs qui recueillaient « beaucoup d'utilité par l'ensemencement du grain? Sei- « gneurs, prenez avis par la crainte; souvenez-vous de la « mort, et auparavant exécutez convenablement l'adoration « de Dieu; traitez avec bonté les hommes ses serviteurs, et « faites-leur du bien. Ne formez pas, par avarice, ce vœu « dans votre esprit, qu'un faquir et un malheureux ne viennent « pas vous trouver; car celui qui plantera aujourd'hui (dans « ce monde) l'arbre des bonnes œuvres en cueillera le fruit « demain (dans l'autre monde). Ce monde est le champ de « l'autre : celui qui y sèmera de bonnes œuvres en retirera « à la fin le profit. Si quelqu'un fait de mauvaises actions, il « brûlera dans le feu de l'enfer, comme la feuille et l'herbe « sèches. Souvenez-vous de ce jour où Dieu séparera les « fidèles des infidèles, qu'il précipitera dans le feu de l'enfer, « tandis qu'il fera entrer les croyants dans le paradis. »

« Le bulbul (rossignol), conteur d'histoires, se repose sur une branche d'arbre. Son corps est petit; il est léger au vol; il a le bec blanc; il se tourne sans cesse à droite et à gauche; il fait entendre des chants doux et harmonieux et il participe, dans les jardins, à la société des hommes; il entre même dans leurs maisons et converse avec eux. Lorsqu'ils négligent le souvenir de Dieu pour s'occuper de jeux et de plaisir, il les reprend en leur donnant les avis suivants : « Louanges à « Dieu ! combien n'êtes-vous pas insouciants lorsque, séduits « par cette vie de quelques jours, vous oubliez Dieu, au lieu « de vous occuper de vos devoirs envers lui ? Vous ne savez « donc pas que vous n'avez tous été créés que pour mou- « rir? Vous avez été nourris pour pourrir dans la terre. Vous « avez été réunis pour la mort. Vous bâtissez cette maison « pour qu'elle soit détruite. Jusqu'à quand serez-vous sé- « duits par les avantages du monde et resterez-vous occupés « de jeux et de divertissements? Demain vous mourrez et « vous serez ensevelis dans la terre. Soyez actuellement sen- « sés. Ne savez-vous donc pas comment Dieu agit à l'égard « des gens de l'éléphant [1] ? Abraha, qui les conduisait, vou- « lait, par astuce et fraude, renverser la maison de Dieu [2]. « A cet effet, il fit monter un grand nombre d'hommes sur « des éléphants; mais l'Éternel déjoua leur fourberie et leur « trahison. Des troupes d'oiseaux arrivèrent ; ils firent pleu- « voir sur eux de petites pierres, de telle sorte qu'ils ren- « dirent tous ceux qui montèrent les éléphants, et les élé- « phants eux-mêmes, comme la feuille dévorée par les « chenilles. » Le rossignol ajoute : « O mon Dieu, fais que « les enfants n'aient pas envie de se saisir de moi, et pré- « serve-moi de la méchanceté des animaux ! »

« Le corbeau, qui, comme un devin, dévoile les choses cachées, est de couleur noire ; il est abstinent, et il explique toutes les choses qu'on ignore. Il emploie son temps au souvenir de Dieu, et il passe sa vie à voyager. Dans les pays qu'il parcourt, il s'informe des restes d'antiquités. Il terrifie les négligents par les malheurs de l'insouciance, et il dit, en forme d'instruction et d'avis : « Observez l'abstinence, et « craignez ce jour où vous pourrirez dans le tombeau et où « votre peau sera arrachée à cause de vos œuvres mauvaises. « Actuellement, dans votre égarement vous donnez à la vie

[1] Voy. le ch. CV du Coran.
[2] C'est-à-dire la caaba.

« de ce monde la préférence sur celle du siècle futur. Si « vous fuyez loin des ordres de Dieu, sachez qu'il n'y a pas « de salut pour vous. Pour l'obtenir, occupez-vous à prier, « et Dieu aura peut-être pitié de vous et vous préservera du « malheur. »

« L'hirondelle voyage dans l'air d'un vol léger. Ses pattes sont petites, ses ailes grandes; elle demeure généralement dans les maisons des hommes et elle y élève ses petits. Soir et matin elle récite ses prières et ses adjurations. Elle va très-loin dans ses voyages. Pendant la chaleur elle réside dans les endroits frais, et pendant le froid, dans les endroits chauds. Elle dit sans cesse ceci dans ses cantiques et ses prières : « Celui-là est pur par excellence qui a créé la terre et la « mer, qui a établi les montagnes, qui a fait couler les ri- « vières, qui a réglé de telle façon le temps de la vie et de « la mort qu'on ne peut jamais l'outre-passer. Il secourt le « voyageur dans ses voyages; il est le maître souverain de « la surface de la terre et de toutes les créatures qui la peu- « plent. » Après avoir fait entendre des accents de louange et de prière, elle dit : « Nous sommes allés dans toutes les « contrées du monde; nous en avons vu tous les habitants, « et nous sommes revenus dans notre pays. Il est vraiment « pur celui qui a uni le mâle et la femelle et les a gratifiés « de nombreux enfants qu'il a tirés de l'ermitage du néant « pour les revêtir du vêtement de l'existence. Louange à lui « qui a créé tous les hommes et les a comblés de ses bien- « faits! »

« La grue fait l'office de gardienne, debout dans la plaine. Elle a le cou long, les pieds petits. Lorsqu'elle vole, elle ne s'élève qu'à la moitié de l'espace. Deux fois pendant la nuit elle fait une garde plus diligente, et elle chante les louanges de Dieu en ces termes : « Pur est ce Dieu qui, par l'effet de « son pouvoir, a créé les animaux par couples, afin qu'ils « puissent se reproduire et perpétuer leurs races! »

« Le butor réside sur la terre, et de préférence dans les bois et les déserts. Matin et soir il récite cette prière : « Pur

« est celui qui a créé les cieux et la terre! Il est vraiment le « créateur des astres, des constellations et des étoiles, qui se « meuvent tous par son ordre. La pluie, le vent, le tonnerre « et l'éclair, tout cela est son œuvre. C'est lui qui fait surgir « sur la terre des brouillards bienfaisants pour le monde; « créateur admirable, il fait revivre après la mort les os en « pourriture de vétusté. Louange à Dieu, qui est un créa- « teur tel que la langue de l'homme est impuissante à le louer « et à le définir! comment donc l'esprit pourrait-il parvenir « à son être? »

« Le rossignol, l'oiseau aux mille histoires, aux doux accents, est perché sur la branche d'un arbre. Il a le corps petit; il est léger dans ses mouvements; sa voix est douce; il chante ainsi d'un ton mélodieux les louanges de Dieu : « Gloire à Dieu, qui est possesseur de puissance et de bonté! « Il est unique, et personne ne lui est pareil; il est le dis- « tributeur des dons et des bienfaits manifestes et cachés. « Semblable à l'océan, il comble l'homme de l'abondance de « ses largesses; » et toujours, et en gémissant, il s'exprime de la façon suivante : « Oh! qu'était beau le temps où je « voltigeais parmi les fleurs et où tous les arbres étaient « chargés de fruits! »

« Eh bien! dit le roi des oiseaux au paon, quel est, selon toi, l'animal le plus propre à être envoyé pour entrer en discussion avec les hommes et défendre les individus de son espèce? — Tous ces animaux ont la capacité nécessaire, répondit le paon, car ils sont tous poëtes et éloquents. Toutefois, le rossignol est le plus éloquent et celui dont la voix est la plus douce. » Alors le roi des oiseaux dit au rossignol : « Va, je te le permets, confie-toi en Dieu, afin qu'il soit, dans toute circonstance, notre aide et notre protecteur. »

CHAPITRE XIII. — *Arrivée du troisième envoyé.*

Lorsque le troisième envoyé fut arrivé auprès d'Ya'çûb, chef des mouches et roi de tous les insectes de la terre, et qu'il lui eut expliqué l'affaire des animaux, Ya'çûb ordonna à tous les insectes de la terre de se présenter devant lui. En conséquence de cet ordre, les mouches, les cousins, les moustiques, les puces, les guêpes, les papillons; bref, tous les petits animaux qui s'élèvent dans l'air au moyen d'ailes et ne vivent pas plus d'une année, se rendirent à l'appel. Le roi leur fit connaître la nouvelle qu'il avait apprise par la bouche du messager, et il leur demanda lequel d'entre eux se sentait capable d'aller entrer en discussion avec les hommes, de la part des animaux de son espèce. Alors tous s'écrièrent : « De quoi donc les hommes peuvent-ils se vanter que nous ne possédions pas? — De leur taille, de leur stature et de leur force, répondit l'envoyé, et de ce qu'en tout ils sont supérieurs aux animaux. — Eh bien! dit le chef des moustiques, j'irai défendre notre tribu. — Nous irons, nous aussi, dirent les chefs des cousins et des sauterelles, et nous entrerons en conférence avec les hommes au nom de tous les insectes. »

« Mais pourquoi, dit le roi, voulez-vous tous vous charger de la mission dont il s'agit sans réflexion et sans examen? — Sire, dirent les membres de la famille des moucherons, nous devons espérer que Dieu nous aidera dans cette circonstance. Par son secours, nous resterons vainqueurs; car dans les temps anciens de grands rois s'étaient livrés à la tyrannie, et par la permission de Dieu nous en avons toujours triomphé. Nous le savons par l'expérience que nous en avons faite plusieurs fois. » Le chef des moucherons, interpellé par le roi, donna ensuite cette explication : « Les hommes avaient un roi puissant nommé Nemrod, extrêmement fier, et égaré par sa position au point qu'il ne faisait attention à personne, tant étaient grands la pompe et l'éclat de sa dignité. Un très-petit et très-chétif moucheron de notre tribu le fit néanmoins périr[1]; et, malgré son rang éminent, ce roi ne put lui résister. »

La guêpe dit ensuite : « Lorsqu'un homme est bien armé et qu'il a en main la lance, l'épée, le poignard et la flèche, et qu'une guêpe de notre tribu vient le piquer et enfoncer son aiguillon, aussi perçant que la pointe d'une aiguille, quel n'est pas son fâcheux état? Son corps s'enfle; ses mains et ses pieds sont sans force : il ne peut se mouvoir; bien plus, à cause de la douleur qu'il éprouve, il ne songe plus à son épée ni à son bouclier. »

La mouche dit : « Si, lorsque le roi des hommes est assis avec éclat et dignité sur son trône et que ses portiers et ses gardes sont debout autour de lui avec dévoûment et affection, afin qu'aucun mal et qu'aucun accident ne lui arrivent, si, dis-je, une mouche sortant de la cuisine ou d'ailleurs vient souiller de son corps sale la figure ou les vêtements du roi, il ne peut s'en débarrasser. »

Le moustique dit : « Quand un homme est assis dans son salon, dans son harem ou derrière sa moustiquière, et qu'un individu de notre troupe vient s'introduire dans ses vêtements et le pique, combien n'est-il pas agité et colère? Il ne peut rien contre nous : il se frappe la tête et se donne des soufflets. »

« Vous dites vrai, répliqua le roi; et tout cela est inconnu au souverain des jinns; mais il s'agit d'une discussion auprès de lui sur la justice et l'équité, la politesse et les convenances, le discernement et l'éloquence. Y a-t-il quelqu'un parmi vous qui ait l'habileté nécessaire pour faire valoir nos prétentions en ce genre? » A ces mots, tous restèrent silencieux et baissèrent la tête.

Toutefois, un sage de la tribu des mouches se présenta devant le roi et lui dit : « Avec l'aide de Dieu, je crois pouvoir me charger d'aller soutenir la cause des animaux contre les hommes. » Alors le roi et tous les membres de l'assemblée

[1] Allusion à une tradition musulmane.

lui dirent : « Que Dieu vous accorde son secours pour l'affaire que vous entreprenez, et qu'il vous fasse triompher de nos ennemis! » On donna en conséquence à cette mouche tout ce qui était nécessaire pour son voyage; elle partit, et elle arriva bientôt à l'endroit où les animaux de toute espèce et de tout genre étaient réunis.

CHAPITRE XIV. — *Arrivée du quatrième envoyé.*

Lorsque le quatrième envoyé fut arrivé auprès du 'Ancâ, roi des animaux de proie, et eut exposé ce dont il s'agissait, ce roi ordonna à tous les animaux de son espèce de se présenter devant lui. En conséquence de cet ordre, le vautour, le faucon (bâz), le faucon royal (schâhîn), le milan, le hibou, le perroquet; bref, tous les oiseaux mangeurs de chair qui ont serres et bec, arrivèrent aussitôt. Le 'Ancâ expliqua le sujet de la discussion qui s'était élevée entre l'homme et les animaux; puis il demanda au gerfaut, son ministre, lequel des oiseaux présents était le plus capable d'aller soutenir les débats et y défendre les animaux de son espèce. « Personne, répondit le gerfaut, n'est plus propre à la chose que le hibou. En effet, tous les animaux de proie craignent les hommes, les fuient et ne comprennent pas leurs discours; tandis que le hibou demeure près de leurs habitations, et généralement dans les vieilles maisons qui sont en ruines. Il est plus abstinent et indépendant qu'aucun oiseau. Il jeûne tout le jour et il pleure, par la crainte qu'il a de Dieu. Pendant la nuit aussi il s'occupe du service de Dieu, et il rappelle à leur devoir les insouciants. En se souvenant des rois défunts des anciens temps, il gémit, et pour exprimer leur position, il récite ce verset : « Ils ont laissé ces jardins, ces fontaines, ces palais, « ces champs ensemencés, tous les avantages qui faisaient « leur bonheur; et maintenant nous en avons fait hériter « d'autres personnes [1]. »

[1] Cor., XLIV. 24, 27.

« Es-tu en effet, dit le 'Ancâ au hibou, ce que prétend le gerfaut? — Il dit vrai, répondit le hibou; mais je ne puis me charger d'aller vers le roi des jinns, parce que tous les hommes me détestent, considèrent ma vue comme de mauvais augure et m'injurient, moi innocent, qui n'ai jamais rien fait contre eux. S'ils me voient là au moment de la discussion, ils s'entendront moins que jamais et finiront par se battre. Il vaut donc mieux envoyer quelque autre oiseau, par exemple, un faucon d'une des trois principales espèces [1], que les rois et les princes des hommes aiment beaucoup, et qu'ils tiennent volontiers sur leur main. »

« Qu'en penses-tu? dit le roi en s'adressant au faucon. — Le hibou a raison, dit le faucon (bâz); mais les hommes ne font pas cas de nous au point de nous admettre dans leur intimité, et s'ils nous aiment, ce n'est pas qu'ils reconnaissent en nous plus de savoir et de politesse qu'il n'y en a dans les autres animaux, mais c'est seulement pour leur propre avantage qu'ils nous admettent en leur société. Ils s'emparent de notre chasse et ils passent le jour et la nuit dans les jeux et les divertissements, sans jamais s'inquiéter de la chose la plus nécessaire, c'est-à-dire du service de Dieu, et de craindre le jour du compte et le livre (dans lequel sont consignées les actions des hommes).

« Selon moi, le perroquet est celui d'entre nous qui convient le mieux pour la chose : parce que tous les hommes, rois et sujets, grands et petits, hommes et femmes, sages et fous l'aiment, parlent avec lui et font grande attention à tout ce qu'il dit. » Le roi ayant demandé l'assentiment du perroquet, celui-ci répondit qu'il était disposé à se charger de la commission qu'on voulait lui donner pour défendre contre les hommes les intérêts des animaux, mais que dans ce cas il demandait au roi de prier Dieu pour lui, afin qu'il pût triompher de leurs communs ennemis. Le roi obtempéra à son désir, et tous les assistants répondirent : *Amen.*

[1] Bâz, schahin et Charg.

« Mais, fit observer le hibou, si la prière de Votre Majesté n'est pas agréée, toutes nos peines et nos sollicitudes seront vaines. Quand la prière n'a pas toutes les conditions voulues, elle ne produit pas de résultat. — Quelles sont donc, dit le roi, les conditions de la prière? — Il faut d'abord, répondit le hibou, avoir une intention pure et un esprit sincère; il faut toujours prier avec la même ferveur qui vous anime dans un moment de trouble; il faut faire précéder les prières particulières de formules officielles; il faut jeûner, il faut faire du bien aux pauvres et aux étrangers; puis il faut exposer à Dieu, avec confiance, l'état d'affliction et de douleur où l'on se trouve. »

« Vous n'ignorez pas, reprit le roi, toutes les vexations tyranniques que les hommes ont exercées envers les quadrupèdes; car ces malheureux sont tourmentés par eux au point que, malgré notre éloignement, ils viennent se réfugier auprès de nous; et nous, bien que nous ayons plus de force et d'énergie que les hommes et que nous volions dans l'air, toutefois nous sommes obligés, à cause de leur tyrannie, d'aller nous cacher dans les montagnes et les mers. Le gerfaut, notre frère, a fui loin d'eux et est allé demeurer dans les *jangles*; et cependant il ne s'est pas sauvé par là de leur tyrannie. Désespérés, les animaux ont voulu discuter leurs droits. Quoique nous soyons assez forts pour qu'un individu de notre espèce puisse à son gré enlever, emporter des hommes et les déchirer, toutefois nous n'agissons pas ainsi envers les bons et nous ne faisons pas attention à ce qu'ils peuvent faire contre nous. Nous voyons et nous savons ce qui se passe et nous avons confiance en Dieu, parce qu'on n'obtient pas de résultat en se querellant et en combattant. C'est dans l'autre vie que nous recevrons le fruit de notre conduite. »

Ensuite il ajouta : « Combien de vaisseaux que les vents contraires ont fait dévier et que nous avons dirigés dans le bon chemin! Combien d'hommes dont les vaisseaux qu'ils montaient ont été brisés et qui étaient sur le point de se noyer, mais que nous avons fait parvenir au rivage, afin que Dieu fût satisfait de nous et que de notre côté nous lui rendions grâce de ses bienfaits; c'est, à savoir, de nous avoir donné un corps fort et robuste, et de nous avoir aidé et secouru en toutes choses. »

CHAPITRE XV. — *Arrivée du cinquième envoyé.*

Lorsque le cinquième envoyé fut arrivé auprès du roi des animaux aquatiques et lui eut fait connaître l'objet de sa mission, celui-ci réunit tous ses sujets, à savoir : poissons, grenouilles, crocodiles, dauphins, tortues, etc., et il leur fit connaître l'objet de la mission de l'envoyé. Puis il lui dit : « Si l'homme se considère comme meilleur que nous pour la force et la bravoure, qu'il sache qu'en un instant je puis le faire disparaître, et de mon haleine l'attirer et l'avaler. — Ils se flattent seulement, dit l'envoyé, d'avoir plus d'intelligence et de capacité, de connaître toute science et tout art, et de savoir toute sorte de métiers et d'industries. Ils disent que le discernement qu'ils possèdent ne se trouve dans aucun autre. »

« Explique en détail, dit le roi, quels sont les arts et les industries dont tu veux parler? — Le roi ne sait-il pas que les hommes, par leur capacité et leur science, vont au fond de la mer Rouge et en retirent les perles? Ils montent par adresse sur les montagnes, ils y prennent les aigles et les vautours. De cette même façon, par leur science et par leur intelligence, ils construisent des charrues de bois, les placent sur le dos des bœufs, chargent les animaux de fardeaux et les emmènent de l'orient à l'occident et de l'occident à l'orient, leur faisant traverser des forêts et des déserts. Ils construisent des navires, les chargent de marchandises et les conduisent de mer en mer. Ils vont sur les montagnes et les collines, y creusent la terre et en tirent toutes sortes de pierreries, de l'or, de l'argent, du fer, du cuivre et beaucoup d'autres choses. Quand un homme construit un talisman par la puissance de sa science sur une rivière, une mer ou une vallée, et que mille crocodiles et dragons viennent en ce lieu, ils ne peuvent y passer. Mais, devant le roi des jinns, on ne s'enquiert que de la justice et de l'équité, et il faut fournir les preuves de ce qu'on avance. La force et la ruse n'y comptent pour rien. »

Le roi, après avoir entendu de la bouche de l'envoyé toutes ces choses, adressa la parole à ceux qui étaient assis devant et autour de lui, pour leur demander quel était maintenant leur avis et qui il fallait envoyer pour entrer en discussion avec les hommes. Personne ne répondit d'abord; mais ensuite le dauphin, qui habite l'océan, mais qui néanmoins est familier avec l'homme, qui sauve les noyés et les porte au rivage, prit la parole en ces termes : « D'entre les animaux aquatiques, le poisson est le plus propre à la chose. Son corps est majestueux et de belle apparence, sa bouche est bien faite, sa couleur brillante, ses membres élégamment proportionnés; il est prompt dans ses mouvements, agile dans sa manière de ager, plus nombreux que tout autre animal aquatique. Il est si prolifère qu'il remplit de sa progéniture mers et étangs, viviers et ruisseaux. Il jouit d'ailleurs d'une grande considération auprès des hommes, parce qu'une fois il donna asile dans son ventre à leur prophète (Jonas) et le fit ensuite parvenir en lieu sûr. Enfin, tous les hommes pensent que la terre entière repose sur le dos d'un poisson. »

Le roi demanda alors au poisson ce qu'il pensait lui-même à ce sujet. « Sire, dit-il, il m'est impossible de me charger de la commission d'entrer en contestation avec les hommes; car je n'ai pas de pieds pour me transporter où il faut, et je n'ai pas une langue qui puisse discourir avec eux. Je ne puis supporter la soif, et si je reste un instant séparé de l'eau, je péris. Il me semble donc que la tortue est plus propre à la chose; car elle peut vivre sur la terre aussi bien que dans l'eau; son corps est dur et son dos solide; elle est très-endurante, et elle supporte avec patience le mal et la peine. »

La tortue, consultée par le roi, déclina l'honneur qu'on voulait lui faire en disant que ses pieds sont lourds et que le chemin qu'elle aurait à parcourir est long; qu'elle parle peu et ne peut développer ses idées; qu'il vaut donç mieux choisir pour cette commission le dauphin, qui est très-fort à la marche et qui est plus habile à parler.

Néanmoins le dauphin, consulté à son tour, exprima l'opinion que le crabe était plus propre à la chose, parce qu'il a beaucoup de pattes, qu'il marche et court même très-vite, que ses serres sont aiguës, et que son dos est tellement fort qu'on le dirait revêtu d'une armure de fer. « Comment pourrais-je me charger de cette commission? s'écria le crabe. Ma forme est disgracieuse, mon dos est bossu, mon aspect piteux. Si on me voyait dans cette assemblée, on rirait de moi; on dirait : Cet animal n'a pas de tête, ses yeux sont à son cou, sa bouche est dans sa poitrine; il a une fente des deux côtés pour ses ouïes, il a huit pattes tordues; aussi ne marche-t-il que par la force de sa bouche; on dirait qu'il est de plomb. Bref, tout le monde se moquerait de moi. Il vaut mieux le crocodile, dont les pieds sont forts, qui marche et qui court même facilement. Sa bouche est grande, sa langue longue; il a beaucoup de dents. Son corps est solide: il est très-patient, et il sait attendre longtemps l'objet de son désir : il ne se hâte en rien. — Je ne conviens pas du tout, dit le crocodile, pour la chose dont il s'agit, parce que je suis très-colère. Sauter sur quelque chose et l'emporter, comme je le fais, c'est sans doute un défaut. De plus, je suis trompeur et traître. — Pour cette affaire, dit l'envoyé, il ne faut ni violence, ni astuce; mais de l'intelligence, de la dignité et de l'éloquence. »

« Eh bien! dit le crocodile, je ne possède pas ces qualités; mais je propose la grenouille, qui est douce, patiente et abstinente; elle récite nuit et jour le chapelet en mémoire de Dieu et, matin et soir, elle fait sa prière quotidienne. Elle va souvent dans les maisons des hommes, et son rang et sa dignité sont grands parmi les enfants d'Israël; parce que quand Nemrod fit jeter Abraham, l'ami de Dieu, dans le feu, des grenouilles remplirent d'eau leur bouche, la répandirent sur le feu, l'éteignirent, et ce fut ainsi qu'il ne produisit aucun effet sur le corps d'Abraham. Une seconde fois, lors de la contestation de Moïse et de Pharaon, les grenouilles prêtèrent leur secours à Moïse. La grenouille est d'ailleurs éloquente : elle parle beaucoup ; elle répète sans cesse les prières éjaculatoires appelées *tasbîh, takbîr* et *tahlîl;* elle va çà et là sur la terre et sur l'eau ; sur la terre elle saute, sur l'eau elle nage ; elle a ces deux facultés. Ses membres sont bien proportionnés ; sa tête est ronde, sa bouche bien faite, ses yeux brillants ; ses pattes de devant et de derrière sont grandes ; elle est prompte dans sa marche et elle est hardie. »

Alors la grenouille déclara qu'elle était prête à accepter cette mission *avec sa tête et ses yeux,* et qu'elle observerait fidèlement les volontés du roi.

CHAPITRE XVI. — *Arrivée du sixième envoyé.*

Lorsque le sixième envoyé fut arrivé auprès du dragon, roi des reptiles, c'est-à-dire des vers et des serpents, et qu'il eut exposé le motif de sa visite, le roi ordonna à tous les reptiles de se présenter. Alors les serpents, les scorpions, les lézards, les fourmis, les pous, les vers et tous les animaux qui naissent de l'ordure et qui marchent sur les feuilles des arbres, vinrent en présence du roi en telle quantité que personne, si ce n'est Dieu, n'aurait pu en faire le dénombrement. Lorsque le roi eut vu les formes extraordinaires de ces animaux, il en fut étonné, et il garda le silence pendant quelques instants. Puis, les ayant regardés avec attention, il s'aperçut qu'un grand nombre de ces animaux avaient un corps petit et faible, et qu'ils ne possédaient que peu d'intelligence et de sentiment. Il réfléchit beaucoup sur ce qu'il pourrait faire, et il demanda à ce sujet l'avis du basilic, son ministre : « Y a-t-il un de ces animaux, lui dit-il, qui ait assez de capacité pour que je puisse l'envoyer soutenir la discussion qui doit avoir lieu avec les hommes ? Je vois que la plupart d'entre eux sont muets, sourds et aveugles ; qu'ils n'ont ni mains ni pieds, ni poil ni plume ; ils n'ont ni bec ni serres, et ils sont dénués de toute force. »

Ensuite le roi, tout troublé de chagrin à cette vue, soupira malgré lui, et se mit à pleurer. Il leva les yeux au ciel et adressa cette prière à Dieu : « O Créateur et Conservateur, toi qui as compassion des faibles, regarde avec miséricorde et bonté ces animaux; car tu es le Compatissant des compatissants. »

En conséquence de cette prière, les animaux qui étaient réunis auprès du roi dragon se mirent à parler avec éloquence et facilité.

CHAPITRE XVII. — *Discours de la sauterelle.*

Lorsque la sauterelle eut vu que le roi des insectes était plein de compassion et de bienveillance envers ses sujets, après s'être préparée en conséquence, du haut du mur sur lequel elle se trouvait, elle se mit à chanter avec les plus doux accents les louanges de Dieu, et à réciter l'éloquente *khutba* qui suit : « Louange et actions de grâces à ce bienfaiteur réel qui a doué la terre de toutes sortes d'avantages et qui, par son infinie puissance, a tiré les animaux de l'ermitage du néant, les a conduits au champ de la vie et leur a donné des formes variées ! Il existait avant le temps et le lieu, avant la terre et le ciel : il manifestait la lumière de son unité sans la souillure de l'existence contingente. Il créa l'esprit actif, immatériel et sans forme apparente, sorte d'expansion lumineuse; que dis-je? en prononçant le mot *kun* (sois), il tira le monde de derrière le voile du néant et le fit paraître dans la plaine de l'existence.

« Sire, ne conçois pas de chagrin au sujet de la faiblesse et de l'impuissance de cette troupe d'animaux, car Dieu a soin de tous les êtres qu'il a formés. De même qu'un père a de l'affection et de la bienveillance pour ses enfants, ainsi il a compassion des animaux qu'il a créés. Dieu leur a donné des formes et des facultés différentes; aux uns il a donné la force, aux autres la faiblesse. A quelques-uns il a donné un corps volumineux, à d'autres un petit corps; mais il les a tous traités avec une égale bonté : il les a pourvus de tout ce qui leur est nécessaire pour leur avantage et pour repousser le mal qu'on voudrait leur faire.

« Tous sont égaux dans ses bienfaits, et l'un n'est pas mieux partagé que l'autre. Ainsi Dieu a donné à l'éléphant un corps énorme et une force proportionnée; il l'a pourvu de deux longues dents, afin qu'il puisse par leur moyen se préserver de la méchanceté des animaux féroces, et une trompe, qui lui est aussi très-utile. Dieu a donné au moucheron un petit corps; mais aussi il lui a donné deux ailes fort jolies et très-légères, qui lui permettent de voler et de se sauver de ses ennemis. Les bienfaits de Dieu procurent donc également des avantages à tous les êtres, petits et grands, et en écartent les inconvénients.

« De la même manière Dieu n'a pas privé des mêmes bienfaits cette classe d'animaux qui paraît n'avoir ni ailes ni plumes. Lorsqu'il les créa, il les forma de telle sorte qu'ils peuvent se procurer ce qui leur est utile et se préserver de ce qui leur est nuisible.

« Parmi tous les animaux, ceux dont le corps est grand et qui ont beaucoup de force, repoussent le mal loin d'eux par leur énergie et par leur hardiesse. Tels sont l'éléphant, le lion et tous les animaux dont le corps est volumineux et dont la force est grande. Quelques-uns courent très-vite et se dérobent ainsi au mal par la fuite : tels sont le lièvre, le daim, l'âne sauvage, etc. D'autres se mettent à l'abri des choses fâcheuses en volant, comme le font les oiseaux, et d'autres en plongeant dans la mer, se sauvent du danger, comme les animaux amphibies.

« Quelques-uns aussi restent cachés dans des trous, comme le rat et la fourmi. On lit dans le Coran, au sujet de la fourmi :
« Le général des fourmis dit à toutes les fourmis : Cachez-
« vous dans vos demeures, pour que Salomon et son armée
« ne vous écrasent pas sous leurs pieds sans le savoir[1]. »

[1] Coran, XXVII, 18.

D'autres animaux sont ceux à qui Dieu a donné une enveloppe dure qui les garantit de tout mal, comme la tortue, le poisson et les animaux amphibies; d'autres enfin qui couvrent leur tête avec leur queue et se préservent ainsi d'accidents, comme le porc-épic.

« Les animaux aussi ont différentes manières de se procurer leur nourriture. Quelques-uns, conduits par la finesse de leur vue, volent au moyen de leurs ailes et vont chercher la nourriture qu'ils ont aperçue, comme le vautour et l'aigle. Quelques autres cherchent leur nourriture et la trouvent au moyen de leur odorat, comme la fourmi. Quant aux animaux qui sont très-petits et faibles, et auxquels Dieu n'a donné ni des sens raffinés ni les moyens de se procurer de la nourriture, il leur en a allégé le souci et la peine.

« De même que certains animaux sont obligés de fuir et de se cacher, d'autres n'éprouvent pas le même inconvénient, car Dieu les a créés dans des lieux si retirés que personne n'en a connaissance. Il en a fait naître quelques-uns dans l'herbe, et il en a caché d'autres dans le grain; il en a placé dans le ventre d'autres animaux, dans la terre et la pourriture; et il a fait parvenir à tous, au lieu même où ils se trouvent, leur nourriture, sans qu'ils aient la peine de la chercher et sans le moindre mouvement de leur part à cet effet. Il leur a donné une force attractive, en sorte qu'ils attirent à eux l'humidité pour en faire la nourriture de leur corps et lui donner la force nécessaire.

« De même aussi que certains animaux vont et viennent à la recherche de leur nourriture et se mettent à l'abri du mal par la fuite, d'autres n'ont pas besoin de prendre cette peine; car Dieu ne leur a donné ni pieds pour marcher, ni mains pour atteindre leur nourriture; ni dents, ni bouche pour la manger, ni gosier pour l'avaler, ni estomac pour la digérer; ni entrailles, ni intestins pour recueillir les aliments digérés, ni foie pour purifier le sang, ni rate, ni reins, ni veines. Dans leur cerveau, ils n'ont pas de nerfs qui leur permettent d'éprouver des sensations exactes. Ils n'ont pas de maladies chroniques, et ils n'ont besoin d'aucun remède. Bref, ils sont à l'abri de tous les maux auxquels sont sujets les grands et forts animaux. Admirable est ce Dieu qui, au moyen de son pouvoir parfait, a satisfait leurs désirs et les a préservés de toute peine et de tout tourment ! Louanges et actions de grâces lui soient rendues pour de telles faveurs! »

Lorsque la sauterelle eut terminé sa harangue, le dragon lui dit : « Que Dieu bénisse ton élocution et ton éloquence! Tu es en effet fort éloquente, très-savante et pleine d'esprit : tu peux donc aller auprès du roi des génies discuter avec les hommes. — Je suis aux ordres de Votre Majesté, répondit la sauterelle : j'irai volontiers me réunir là à mes frères. — Il ne faudra pas dire, fit observer le dragon, que tu es envoyée par les serpents. — Pourquoi donc? dit la sauterelle. — Parce qu'entre le serpent et l'homme il existe dès anciennement une inimitié très-grande; c'est au point que des hommes s'étonnent que Dieu nous ait créés, prétendant que nous ne sommes utiles en rien; bien plus, que nous ne faisons que du mal. Ils disent qu'il y a du poison dans notre bouche, et qu'ainsi nous ne sommes bons qu'à faire périr les animaux. Mais ils disent ces choses insensées par suite de leur légèreté et de leur ignorance ; ils méconnaissent l'état réel et l'utilité des choses : c'est pour cela que Dieu les a affligés par des punitions. Le fait est que les hommes ont tous besoin des serpents, en sorte que les rois et les amirs mettent de leur poison dans le chaton de leur bague, afin de s'en servir dans l'occasion. S'ils réfléchissaient avec attention, ils connaîtraient la condition et l'importance de ces animaux et l'utilité du poison qui est dans leur bouche. Alors ils ne demanderaient pas pourquoi Dieu les a créés. Bien que Dieu ait donné au poison des serpents la propriété de détruire les animaux, toutefois il a placé dans leur propre chair le remède de ce poison. »

La sauterelle ayant demandé si les serpents n'offraient pas aux hommes quelque autre avantage, le serpent répondit : « Lorsque Dieu créa les animaux dont tu as fait mention dans la harangue, il donna à chacun d'eux les moyens de se procurer des avantages et de se préserver du mal. Aux uns il donna un estomac chaud, afin qu'après avoir mâché, la nourriture étant digérée, s'identifiât avec le corps. Au serpent il n'a donné ni estomac pour digérer ni dents pour mâcher, mais à la place il a mis dans sa bouche un chaud poison qui lui permet de manger et de digérer sans dent ni estomac. En effet, lorsque le serpent prend à sa bouche la chair d'un animal, il l'humecte de ce chaud poison, et tout de suite cette chair se fond et le serpent l'avale. Or, si Dieu n'eût pas mis ce poison dans leur bouche, il aurait été impossible aux serpents de se nourrir, ils seraient morts de faim, et on n'en verrait plus dans le monde.

« Les mêmes avantages qui résultent de la création des autres animaux, ces mêmes avantages résultent aussi de la création des serpents. Lorsque Dieu eut créé le monde, il disposa tout conformément à sa volonté. Ainsi, il destina certaines créatures au bien-être des autres, et il les forma conformément à ces vues. Il agit pour l'avantage du monde; mais quelquefois, par une cause quelconque, le mal et le dommage ont lieu pour quelques-unes; parce qu'il n'entre pas dans les vues du Créateur de ne pas donner l'existence à une chose généralement avantageuse pour le monde à cause d'un petit dommage qui pourra en résulter.

« Ainsi, lorsque Dieu créa toutes les étoiles, il destina le soleil à servir de luminaire au monde, et il fit dépendre de sa chaleur la vie des créatures. Le soleil est pour tout le monde, comme le cœur pour le corps; et de même que la grande chaleur qui se produit dans le cœur se répand dans le corps et fait vivre, ainsi par la chaleur du soleil avantage est aux créatures. Bien que vexation et dommage aient quelquefois lieu de sa part à l'égard de certains individus, il n'était cependant pas à propos que Dieu privât la plus grande partie du monde du bienfait général et de l'avantage véritable qui en résulte.

« Tels sont Saturne, Mars et toutes les étoiles, de la position desquelles dépendent la paix et le bonheur du monde, quoique dans quelques heures funestes, préjudice arrive à des individus par l'effet de l'excès du chaud ou du froid. De cette même manière Dieu envoie de tous côtés les nuages pour le bonheur des créatures, quoique parfois ils soient nuisibles aux animaux, et que par l'effet des pluies torrentielles, les maisons des pauvres gens soient détruites.

« De même sont aussi les animaux malfaisants, les serpents, les scorpions, les poissons (certains), les crocodiles et tous les reptiles de la terre. Parmi eux quelques-uns naissent de l'ordure et de la pourriture, afin de purifier l'air, qui autrement serait vicié par l'exhalaison de vapeurs délétères qui produiraient la peste dans le monde et feraient ainsi périr tous les animaux à la fois. C'est pourquoi tous ces vers et ces reptiles s'engendrent généralement dans les boutiques des bouchers et des marchands de poisson, et vivent au milieu des ordures : ils y sont nés, ils s'en nourrissent, et par là l'air est purifié, et la peste n'exerce pas ses ravages. Les petits vers servent aussi de nourriture aux grands.

« Il est certain que Dieu n'a rien créé sans utilité. Celui qui ne reconnaît pas cette utilité se permet de censurer Dieu en prétendant que ces êtres sont inutiles. Mais un tel discours ne provient que de l'ignorance et de la sottise. On montre par là qu'on méconnaît les actes et le pouvoir du Créateur. J'ai ouï dire que quelques personnes stupides pensent que la bienveillance de Dieu ne dépasse pas la lune. Cependant, s'ils réfléchissaient sur l'état des créatures, ils s'assureraient que la bienveillance et la bonté de Dieu les comprend toutes, grandes et petites ; car, dès l'origine, la faveur de ses bienfaits s'est répandue sur toutes les créatures, et chacune en profite selon son aptitude.

CHAPITRE XVIII. — *Sur la réunion des délégués des animaux.*

Au matin, les délégués de tous les animaux arrivèrent de tous les pays. Le roi des jinns, afin de prendre une décision sur leur affaire, entra à cet effet dans la salle d'audience et s'assit sur son trône. Conformément à son ordre, les chambellans s'écrièrent que ceux qui avaient à porter plainte et à demander justice de leurs griefs n'avaient qu'à se présenter devant le roi, qui était prêt à les entendre, assisté du cazi et du mufti.

Alors les hommes et les animaux, qui étaient réunis, venus de différents côtés, se mirent en rang et se tinrent debout devant le roi. Ils exécutèrent les marques de respect et de politesse exigées par l'étiquette, et exprimèrent les vœux qu'ils formaient pour le bonheur du roi. Celui-ci regarda de tous côtés, et il vit que des créatures de toute espèce étaient réunies en grand nombre. Il fut stupéfait et resta un instant silencieux. Ensuite, se tournant vers un sage jinn, il lui demanda ce qu'il en pensait.

« Sire, répondit le jinn, je considère tous ces êtres avec l'œil de l'esprit, tout en les apercevant visiblement. Leur vue étonne Sa Majesté, et moi j'admire la prudence et la puissance du sage créateur qui les a produits et qui leur a donné des formes diverses. Il les entretient et les nourrit ; il les préserve de tout mal ; bien plus, ils sont tous présents à sa science. C'est pour cela que tant que Dieu, s'il faut en croire les données des savants, est resté caché derrière le voile de la lumière, l'imagination n'a pu y parvenir par la pensée. Il a manifesté ses œuvres afin que les gens intelligents le connussent par là. Tout ce qu'il fit sortir de derrière le rideau du mystère, il le fit paraître sur la plaine de la manifestation, afin que par la vue de ces choses les gens intelligents confessent sa puissance unique et sans pareille, et qu'ils ne soient pas privés des preuves qui la démontrent

« Les mêmes formes qu'on voit dans le monde des corps existent d'une manière analogue dans celui des esprits ; mais ces formes-là y sont brillantes et légères, tandis que celles-ci sont obscures et épaisses. De même que dans la représentation des animaux en peinture on observe une régularité d'imitation pour chaque membre, ainsi est observée la même ressemblance entre les formes des animaux et celles du monde des esprits ; si ce n'est que ces formes spirituelles donnent le mouvement, tandis que les formes animales se meuvent elles-mêmes. Si celles-ci ont un rang inférieur, toutefois celles-là n'ont ni sens, ni mouvement, ni langage ; tandis que les animaux sont doués de tout cela. Ces formes qui existent dans le monde de l'éternité sont permanentes ; mais les autres sont périssables et passagères. »

Puis, se tenant debout, le jinn fit entendre cette allocution : « Hommage à cet être digne d'adoration qui, par sa puissance parfaite, a manifesté toutes les créatures et a produit des êtres de toute espèce et de tout genre dans l'emplacement de l'existence ! Il a donné aux créatures qui n'ont ni l'esprit ni l'intelligence des autres de telles facultés, qu'il a manifesté par là aux gens réfléchis l'excellence de ses œuvres. Il a limité de six côtés le champ du monde, et il a créé le temps et le lieu pour l'avantage des créatures. Il a établi différents degrés dans le ciel et a désigné pour les occuper différentes classes d'anges. Il a donné aux animaux des formes de toute espèce et des couleurs de tout genre. De la maison de ses faveurs, il a départi ses bienfaits divers. Il a permis gracieusement, à ceux qui ont des demandes à lui adresser et à ceux qui sont affligés, d'approcher de lui par la prière. Quant à ceux qui se complaisent dans des actions criminelles, il les laisse tête baissée dans la vallée de l'égarement.

« Il a créé de feu brûlant les jinns avant l'homme, et il leur a donné des formes admirables et des corps merveilleux. Il a tiré de la demeure cachée du néant toutes les créatures et leur a donné des qualités diverses et des degrés distincts. Il en a placé quelques-unes dans les lieux les plus élevés, d'autres dans les lieux les plus bas, et des troisièmes entre ces deux extrêmes; mais il les a tous fait parvenir dans la grande route de la direction, au moyen du flambeau de l'apostolat, dans l'obscure habitation du monde. Louange et actions de grâces lui soient donc dévolues pour nous avoir honorés de l'excellence de la foi et de l'islamisme, nous avoir faits ses représentants sur la face de la terre et avoir doué notre roi du bienfait de la science et de la douceur! »

Quand l'orateur eut terminé son discours, le roi regarda du côté des hommes, et il vit devant lui ces soixante-dix figures humaines, toutes vêtues différemment. Il aperçut au milieu d'eux un homme beau de visage, à la taille élancée, de formes bien proportionnées, et il demanda à son vizir d'où était cet individu. « C'est, répondit-il, un habitant de l'Irân et de la province de l'Irâc. — Faites-le approcher, répliqua le roi, et qu'il exprime ses pensées. » Le vizir obéit, et le Persan prononça alors un discours dont voici le résumé :

« Louange à Dieu, qui nous a donné pour notre résidence ces villes et ces villages, dont l'air et l'eau sont si excellents qu'il n'y en a pas de pareils sur la face de la terre! Il nous a aussi accordé la supériorité sur la plupart de ses serviteurs. Nous lui devons nos actions de grâces pour nous avoir donné les qualités précieuses de la raison, de l'intelligence, de la réflexion, de la science et du discernement, en sorte que par sa direction nous avons pu inventer des arts extraordinaires et des sciences merveilleuses. Il nous a gratifiés de la royauté et de la prophétie. C'est du milieu de nous, en effet, qu'il a fait naître les prophètes Noé, Esdras, Abraham, Moïse, Jésus, Mahomet, sur qui soient le salut et la paix; c'est d'entre nous qu'il a suscité de grands rois tels que Farîdoun, Darius, Artaxerce, Bahram, Nuschirwan, et tant de sultans sassanides qui ont gouverné et administré convenablement le peuple et l'armée. Nous sommes une nation choisie et comme l'essence des hommes et des animaux, la moelle la plus pure du monde entier. Actions de grâces donc à Dieu, qui nous a accordé de tels bienfaits et nous a donné la prééminence sur toutes les autres créatures! »

Lorsque cet homme eut terminé sa harangue, le roi demanda aux sages d'entre les génies ce qu'ils avaient à dire au sujet des qualités des hommes dont cet individu avait vanté l'excellence. Ils répondirent généralement qu'il avait raison. Toutefois un d'eux ne partagea pas l'avis commun, et il dit : « Cet homme a négligé bien des choses dans son discours. Il s'est bien gardé de dire, par exemple, que le déluge eut lieu dans le monde à cause d'eux et que tous les animaux qui étaient sur la surface de la terre périrent; qu'une grande mésintelligence régna parmi les hommes; qu'ils en perdirent l'esprit, et que les plus sages furent déconcertés; que ce fut du milieu d'eux que naquit le méchant roi Nemrod, qui fit jeter dans le feu Abraham, l'ami de Dieu, et Nabuchodonosor, qui détruisit la maison de Dieu, brûla le Pentateuque, mit à mort les enfants de Salomon, fils de David, et tous les Israélites; qui transporta la famille de 'Adnân des bords de l'Euphrate dans les bois et les montagnes. Il était si injuste et si sanguinaire qu'il ne s'occupait qu'à répandre le sang. »

« Pourquoi, dit le roi, ce Persan aurait-il dévoilé ces choses? Il n'avait aucun intérêt à le faire, et au contraire elles ne pouvaient que nuire à sa cause. — Mais, répliqua le sage interlocuteur, il répugne à la raison et à l'équité que dans une discussion on expose toutes ses bonnes qualités et qu'on cache ses défauts, ou qu'on les excuse et les dissimule. »

Puis le roi se tourna du côté de l'assemblée des hommes, et il aperçut au milieu d'eux un individu d'un teint brun jaune, maigre et chétif, avec une longue barbe et les reins ceints d'une ceinture rouge et d'un dhoti (sorte de pagne). Comme le roi demanda qui il était et qu'il apprit que c'était un individu habitant de l'île de Ceylan, il voulut que cet homme parlât aussi devant l'assemblée.

« Louange, dit alors le Cingalais, à celui qui nous a donné un pays vaste et excellent où les jours et les nuits sont toujours pareils, où il n'y a jamais d'excès ni de froid ni de chaud, où la température (l'air et l'eau) est tempérée! Les arbres y sont beaux et verdoyants, les herbes y sont toutes ou des simples, ou bonnes à manger; il y a des mines innombrables de pierres précieuses; le bois y est de la canne à sucre; le gravier, du rubis et de l'émeraude; les animaux y sont gras et frais. On y trouve l'éléphant, le plus grand et le plus gros des animaux. C'est aussi dans ce pays qu'a pris naissance l'espèce humaine, et que tous les animaux ont commencé à se manifester sous la ligne équinoxiale. Notre pays a produit beaucoup de sages et de prophètes, et Dieu nous a fait connaître des sciences et des arts extraordinaires et merveilleux, tels que l'astronomie, la magie, l'éloquence. Bref, les gens de notre pays excellent sur les autres hommes pour l'adresse et pour la capacité intellectuelle. »

« Tu aurais dû, dit alors le vizir taquin, nous révéler aussi dans ta harangue que vous brûlez les corps morts, que vous adorez les idoles, qu'une grande quantité de vos enfants sont le produit d'unions illégitimes, et que vous en êtes désolés et confus; vous auriez ainsi observé du moins les règles de l'impartialité. »

Le roi avisa ensuite un homme de haute taille, couvert d'un manteau jaune, qui avait un écrit à la main qu'il lisait en se mouvant en avant et en arrière et s'agitant en tous sens. « Quel est cet individu? demanda-t-il à son vizir. — C'est, répondit-il, un Hébreu de la race des enfants d'Israël, habitant de la Syrie. — Eh bien! qu'il nous dise aussi quelque chose, répliqua le roi. » Alors l'Israélite, conformément à cet ordre, prononça une harangue dont voici le résumé : « Louange au Créateur, qui a donné aux enfants d'Israël un degré supérieur d'excellence sur tous les fils d'Adam, et qui a départi le don de la prophétie à Moïse, l'allocuteur de Dieu! Louange et actions de grâce au Tout-Puissant, qui nous a rendus les disciples d'un tel prophète et nous a gratifiés de toutes sortes de bienfaits! — Pourquoi n'ajoutes-tu pas, dit le taquin vizir, que Dieu, dans sa colère, vous a jadis métamorphosés en singes et en ours [1], et qu'à cause de vos pratiques idolâtriques, il vous a abandonnés à l'avilissement et à l'infortune! »

Le roi regarda de nouveau du côté de l'assemblée des hommes, et il y aperçut un individu couvert d'un vêtement de laine, les reins serrés d'une ceinture de cuir, une cassolette à la main où il brûlait de l'encens dont la fumée s'élevait, et qui récitait à haute voix quelque chose comme s'il chantait. « Quel est cet homme? demanda-t-il à son vizir. — C'est un Syrien, répondit le ministre, de la nation de Sa Seigneurie Jésus. » Alors, d'après l'invitation du roi, le chrétien tint un discours dont voici la substance : « Louange à Dieu, qui a fait naître Sa Seigneurie Jésus sans père du sein de la Vierge Marie, et l'a doué du don merveilleux de la prophétie! Par son moyen, il a purifié Israël de ses péchés et nous a rendus ses disciples. Il a fait naître parmi nous beaucoup de savants et de gens pieux. Il a rempli nos cœurs de miséricorde et de bienveillance : il nous a donnés en partage la piété. Louange donc à lui, qui nous a gratifiés de telles faveurs! Outre celles que nous avons mentionnées, il nous en a accordé bien d'autres. — Tout cela est vrai, dit l'ergoteur vizir; mais vous avez oublié d'ajouter que vous n'avez pas rendu à Dieu le culte qui lui est dû, et qu'ainsi vous êtes infidèles. Vous adorez la croix; vous vous nourrissez de la chair de porc : vous trompez Dieu et le rendez responsable de vos actions. »

Cependant le roi avisa un autre homme qui était maigre, d'un teint jaunâtre, les reins ceints d'une manière particulière [2] et les épaules couvertes d'un manteau, et il demanda qui il était. Le vizir lui fit alors savoir que c'était un coraïschite, habitant de la Mecque, et le roi l'invita à parler à son tour, ce que celui-ci fit en ces termes : « Louange à Dieu, qui nous a envoyé le prophète Mahomet (que Dieu lui soit propice et lui accorde le salut!) et nous a donné de faire

[1] L'auteur suit ici le récit du Coran, v, 65.

[2] *Tahband*, qui est l'expression du texte, exprime une bande d'étoffe dont on s'entoure les reins et qu'on passe aussi entre les jambes pour la rattacher à la ceinture.

partie de son peuple! Il nous a ordonné de lire le Coran, de faire cinq fois par jour la prière canonique, d'observer le jeûne du ramazan, le pèlerinage, et de donner aux pauvres la dîme de nos biens. Il nous a gratifiés de beaucoup d'avantages et de faveurs, tels que la nuit de la puissance (la nuit de la révélation du Coran), la prière du vendredi, les sciences théologiques, et nous a promis de nous faire entrer dans le paradis. Actions de grâces lui soient donc rendues pour nous avoir accordé de telles faveurs! — Mais, dit le vizir ergoteur, pourquoi ne pas avouer que vous avez abandonné la religion après la mort du prophète, que vous avez prévariqué et que, poussés par l'amour des choses du monde, vous avez fait périr les imâmes [1]. »

Le roi aperçut ensuite un homme d'un teint clair qui tenait à la main un astrolabe et des instruments d'astronomie. Ayant appris qu'il était Grec et qu'il habitait l'Ionie, il l'invita à parler. Alors le Grec s'exprima en ces termes : « Louange à Dieu, qui nous a donné l'excellence sur ses autres créatures! Il a gratifié notre pays de toutes sortes de fruits et de bonnes choses. Par l'effet de sa faveur et de sa bienveillance, il nous a dévoilé des sciences merveilleuses et des arts sublimes; il nous a accordé tout ce qui pouvait nous être utile. Il nous a permis de connaître, par nos calculs, l'état du ciel, l'astronomie, la géométrie, l'astrologie, la médecine, la logique, la philosophie et bien d'autres sciences. — Vous tirez vainement gloire de ces sciences, fit observer à l'orateur le ministre, car elles ne sont pas de votre invention; mais vous les avez apprises, du temps des Ptolémées, des enfants d'Israël, et vous avez aussi tiré beaucoup de sciences de l'Égypte du temps de Thémistocle. Vous y avez donné de la publicité dans votre pays, et actuellement on vous les attribue. — Qu'as-tu à répondre? dit le roi au Grec. — Nous en avons, en effet, reprit l'Ionien, emprunté nos sciences

[1] Allusion au meurtre d'Ali et de ses fils Haçan et Huçaïn : il paraîtrait, d'après cette réflexion, que l'auteur de l'ouvrage original était schiite.

aux anciens sages, de même qu'actuellement on nous les emprunte. C'est ainsi que les choses se passent dans ce monde. On tire profit l'un de l'autre. Par exemple, les sages de Perse ont appris l'astronomie et l'astrologie des sages de l'Inde; et c'est Salomon, fils de David, qui apprit aux enfants d'Israël la magie et l'art des talismans. »

Le roi, jetant alors ses regards sur le dernier rang, y aperçut un homme fort et robuste, avec une grande barbe, et qui se tournait dévotement vers le soleil. « Quel est donc celui-ci? demanda le roi. — C'est, lui dit le vizir, un habitant du Khorassan. — Qu'il parle aussi, répliqua le roi. — Louange à Dieu, dit alors cet individu, à qui nous devons des faveurs et des excellences de tout genre! Il a rendu notre pays plus florissant qu'aucun autre, et il a introduit notre éloge par la bouche des prophètes dans les écrits sacrés; en sorte que quelques versets du Coran attestent notre grandeur et notre excellence. Louange à Dieu, qui nous a donné une foi plus vive que celle des autres hommes! car nous lisons le Pentateuque et l'Évangile, bien que nous n'en comprenions pas le sens; et nous reconnaissons comme véritable la révélation de Moïse et de Jésus. Quelques-uns mêmes d'entre nous lisent le Coran, bien qu'ils ne le comprennent pas; mais nous acceptons du fond du cœur la religion du prophète des derniers temps (Mahomet). Nous avons porté le deuil de l'imam Huçaïn, nous avons vengé son sang sur les Marwaniens [1], et nous espérons que l'imâm des derniers jours [2] se manifestera dans notre pays. »

Après avoir entendu cette harangue, le roi se tourna du côté des savants et leur demanda leur avis sur les prétentions de cet homme. « Si, répondit un d'eux, ses compatriotes n'étaient ni méchants, ni fornicateurs, ni barbares; s'ils n'adoraient ni le soleil ni la lune, tout ce dont il se flatte pourrait être vrai. »

[1] C'est-à-dire les partisans de Marwân, neuvième khalife abbasside.

[2] Mahdî, le douzième imân, qui a disparu, et qui reparaîtra au dernier jour.

Lorsque les individus qui viennent d'être mentionnés eurent exposé leur dignité et leur excellence, le chambellan annonça que la nuit étant arrivée, il fallait se retirer et revenir le lendemain matin.

CHAPITRE XIX. — *Sur les qualités du lion.*

Le troisième jour, lorsque les hommes et les animaux étaient debout en rang devant le roi, celui-ci se tournant vers eux, aperçut le chacal, et il lui demanda qui il était. « Je suis, répondit celui-ci, l'agent des animaux, et c'est le roi des animaux carnassiers, surnommé *Abû'l-hâris* (le père du laboureur), qui m'a envoyé. Il demeure dans les bois et les forêts, et tous les animaux féroces et domestiques sont ses sujets. Ses principaux officiers et amis sont : la panthère, le daim, le cochon-cerf (*cervus porcinus*), le lièvre, le renard. Sa stature est plus noble que celle des autres animaux, et sa force plus grande : il est au-dessus d'eux quant à la dignité et à l'illustration. Sa poitrine est large et sa taille mince ; ses membres sont solides, ses dents et ses griffes très-fortes ; son rugissement est terrible, son aspect effrayant ; ni homme ni animal ne peuvent rester auprès de lui sans crainte. Il est juste dans ses actions, et il n'a besoin en rien ni de ses amis, ni de ses officiers. Il est si généreux que lorsqu'il s'est emparé d'une proie, il en distribue des parts à tous les animaux, et n'en mange que ce dont il a besoin. Lorsqu'il aperçoit de loin la clarté d'une lumière, il s'en approche, s'arrête, et s'il est en colère, sa furie s'apaise. Il ne touche ni aux femmes ni aux enfants ; il aime la musique ; il ne craint personne, si ce n'est la fourmi blanche, qui le tourmente, lui et ses lionceaux, de même que le moucheron tourmente l'éléphant et le taureau, et la mouche les hommes. Il gouverne avec habileté ses sujets et les traite avec bienveillance. »

CHAPITRE XX. — *Sur les dragons et les serpents.*

Comme le roi regarda à droite et à gauche, un bruit arriva tout à coup à ses oreilles, et il s'aperçut qu'il provenait de la sauterelle, qui agitait ses deux ailes et qui faisait entendre un léger murmure. « Qui es-tu, lui dit le roi, et d'où viens-tu? — Je suis, répondit la sauterelle, l'agent de tous les animaux rampants, des vers et des insectes, et c'est leur roi qui m'a envoyé. Il se nomme *Sa'bân,* et il demeure sur les plus hautes collines et montagnes, où il n'y a ni nuages, ni pluie, ni végétation, et où les animaux meurent par l'excès du froid. Son armée et ses sujets sont les serpents, les scorpions, etc., et ils habitent tous les lieux de la terre. Quant à lui, s'il se sépare de son armée et de ses sujets pour habiter les endroits les plus élevés, c'est parce qu'il a du poison dans sa bouche et que la chaleur de ce poison lui brûle le corps. Il a donc besoin de vivre dans un lieu aéré et froid. Quant à sa forme et à sa figure, il ressemble au dragon.

« Qu'est-ce que le dragon? dit le roi. — Il est le chef des animaux aquatiques, répondit la sauterelle; mais la grenouille, qui est son agent, pourra dire mieux que moi ce qu'il est. » Celle-ci reposait sur un monticule, au bord de la rivière, occupée à louer Dieu et à lui rendre des actions de grâces. Interrogée par le roi, elle dit que le *tinnîn* demeurait dans l'océan, et qu'en effet il avait pour sujets les animaux aquatiques, tels que tortues, poissons, grenouilles, crocodiles. « Il est le plus grand, ajouta-t-elle, de tous les animaux aquatiques. Sa forme est extraordinaire, sa figure terrible; il est très-grand; tous les animaux de l'océan le craignent. Il a la tête grosse, les yeux brillants, des dents nombreuses; il avale tous les animaux aquatiques qu'il trouve, et lorsqu'il en a trop mangé et que la digestion le fatigue, il courbe son corps comme un arc, et s'appuyant sur sa tête et sa queue, l'élève hors de l'eau, afin que la chaleur du soleil détermine la digestion. Souvent le dragon reste évanoui pendant ce temps, et alors, quand les nuages s'élèvent de la mer, ils l'emportent et le font échouer sur le rivage où il meurt et est dévoré par les animaux carnassiers; ou bien les nuages le jettent sur les confins des domaines de Gog et de Magog, où il sert aussi de nourriture pendant plusieurs jours.

« Tous les animaux aquatiques craignent donc le dragon et le fuient; mais quant à lui, il n'en craint aucun, si ce n'est un petit animal pareil au moucheron, dont la piqûre est mortelle pour lui. Dans ce cas, tous les animaux aquatiques se réunissent pour dévorer son cadavre. Il devient ainsi à son tour la nourriture des petits animaux, après en avoir fait la sienne; et tel est, au surplus, ce qui arrive aux oiseaux et à tous les animaux. Ainsi les moineaux et autres petits oiseaux mangent les moucherons et les fourmis; les faucons mangent les moineaux; les vautours et les aigles, les faucons; mais quand ils meurent, ils servent de pâture aux vers et aux insectes. La même chose arrive aux hommes qui se nourrissent de la chair du daim, du cochon-daim (*cervus porcinus*), de la chèvre, de la brebis et des oiseaux; lorsqu'ils meurent, de petits vers dévorent leurs corps dans le tombeau. Voilà ce qui se passe dans tout le monde : tantôt les grands animaux mangent les petits, et tantôt les petits mangent les grands. C'est pour cela que les sages ont dit : « La mort de l'un est « le bien-être de l'autre; » et Dieu a dit : « Les jours se « succèdent pour les hommes, et les sages seuls en com- « prennent la signification [1]. »

« Les hommes s'imaginent que les animaux doivent être leurs esclaves; mais, d'après l'exposition que j'ai faite des qualités des animaux, il est facile de voir qu'ils sont égaux et qu'il n'y a entre eux aucune différence. Ils mangent et sont mangés, et j'ignore de quoi les hommes peuvent tirer vanité! Le fait est que notre position est absolument la même que la leur soit pendant la vie, soit (extérieurement) après la mort. Il nous faut recourir à Dieu. On ne peut que s'étonner de

[1] Cor., III, 134.

l'imposture et de la calomnie des hommes à notre égard; c'est être insensé que de parler comme ils le font, contrairement aux règles de l'analogie. Comment peuvent-ils dire que tous les animaux féroces et carnassiers, les dragons, les crocodiles, les serpents, les scorpions, sont leurs esclaves? Ne savent-ils donc pas que, si un animal féroce sortait des bois, un oiseau de proie des montagnes, un crocodile de la rivière, et les attaquait, ils dévasteraient aisément leurs provinces et ne laisseraient pas un seul homme vivant. Mais ils ne songent pas à cela, et ne sont pas reconnaissants envers Dieu de ce qu'il a éloigné d'eux des animaux si dangereux. Ils font souffrir, au contraire, jour et nuit les pauvres animaux dont ils se sont emparés, et ils portent la suffisance au point de disposer ainsi des animaux sans y être autorisés par aucune preuve légale. »

Le roi s'aperçut alors que le perroquet, juché sur la branche d'un arbre, écoutait tout ce qu'on disait. « Que fais-tu là, lui dit-il, et qui es-tu? — Je suis, répondit le perroquet, l'agent des oiseaux de proie; c'est le *'anca* (griffon), leur roi, qui m'a envoyé ici. Il habite sur de hautes montagnes, dans les îles de l'océan. Aucun être humain ne passe par là, car aucun navire ne peut y aborder. Là, le sol est admirable, le climat tempéré, l'eau des fontaines délicieuse; il y a des arbres de toute espèce et de toute variété, des animaux de tout genre et en grand nombre. Quant au 'anka lui-même, il est le plus grand de tous les oiseaux. Il vole sans fatigue, ses serres et son bec sont très-forts; ses ailes sont si larges que, lorsqu'il les agite dans l'air, on les prend pour les voiles d'un navire. Sa queue est très-longue. Le mouvement qu'il fait en volant est si puissant que la montagne en tremble. Il soulève de terre l'éléphant, le rhinocéros et d'autres grands animaux. Il est, au surplus, d'un excellent naturel. »

Le roi tourna alors ses regards du côté de la troupe des hommes, et vit leurs figures diverses et leurs vêtements variés. « Pesez, leur dit le roi, tout ce que les animaux ont dit, et songez à ce que vous pouvez y répondre. Mais quel est donc votre roi? — Nous en avons plusieurs, répondirent-ils, et chacun d'eux a son armée et ses sujets dans son royaume respectif. »

« Comment se fait-il, répliqua le roi, que chaque catégorie d'animal, si nombreuse qu'elle soit, n'a qu'un roi, et que vous en ayez plusieurs, quoique vous soyez bien moins nombreux? — Les hommes ont bien des besoins, répondit le Persan de l'Irac, qui faisait partie de la bande humaine, et leurs circonstances sont diverses : c'est pour cela qu'il est nécessaire qu'ils aient beaucoup de rois. La chose est bien différente pour les animaux : chez eux, c'est le plus grand et le plus fort qui est leur roi. Chez les hommes, au contraire, les rois sont souvent maigres, faibles et chétifs; car ils sont établis pour exercer la justice et l'équité, pour veiller au bonheur des sujets et pour les traiter toujours avec une paternelle bienveillance.

« Il y a aussi chez les hommes différents ordres de fonctionnaires royaux : les uns sont militaires et guerriers, et ils sont occupés à repousser les ennemis du roi et à tenir en respect les traîtres, les voleurs, les escrocs, les filous, afin qu'ils n'excitent pas de trouble ni de sédition dans les villes. Les rois ont aussi des ministres et des secrétaires, par l'entremise desquels ils gouvernent l'État, et ils ont un trésor pour le payement des troupes. Parmi leurs sujets, il y en a qui s'occupent d'agriculture, et qui procurent ainsi à tous les moyens d'exister. Il y a des cazis et des muftis qui appliquent les lois, tant pour le spirituel que pour le temporel, car les rois sont chargés des deux choses; en sorte que les sujets ne dévient pas du droit chemin. Il y a des marchands et des industriels qui vont dans tous les pays faire le commerce. Il y a des serviteurs et des domestiques occupés du service des autres. Les hommes se divisent ainsi en classes, toutes nécessaires aux rois, et sans lesquelles leur gouvernement serait impossible. Il faut à chaque ville des chefs qui veillent à l'administration et qui prennent garde qu'il ne s'introduise aucun abus. Un seul roi ne pourrait donc pas gouverner tous les hommes, et il y a, en effet, plusieurs royaumes dans les sept climats ou divisions du monde. Dans chacun de ces royaumes, il y a des milliers de villes florissantes où habitent un nombre incalculable d'individus. La langue de chacun des peuples qui constituent ces royaumes est différente; ils ont des religions distinctes : il est donc impossible qu'un seul prince les gouverne. C'est pour cela que Dieu a établi sur eux plusieurs souverains qu'on nomme ses lieutenants sur la face de la terre; parce qu'en effet il en a fait les maîtres du pays et les chefs de ses serviteurs pour qu'ils s'occupent à rendre florissants leurs États respectifs, pour veiller au bien-être de leurs sujets, pour distribuer la justice, faire observer les lois, empêchant de faire ce que Dieu défend, avoir soin enfin que personne ne manque du nécessaire. »

CHAPITRE XXI. — *Sur les qualités du chef des mouches.*

Lorsque l'homme eut terminé son discours, le roi se tourna du côté des animaux. Alors un léger bourdonnement frappa ses oreilles, et il aperçut aussitôt Ya'çûb, chef des mouches [1], qui volait devant lui et qui célébrait à sa manière les louanges de Dieu. Interpellé par le roi, il dit qu'il était le chef des insectes. « Si, ajouta-t-il, je n'ai envoyé ni agent ni messager d'entre mes sujets, comme l'ont fait les autres chefs des animaux, c'est que je n'ai pas voulu donner cette peine à personne. — Comment cela? répliqua le roi, c'est une attention qu'on ne trouve pas chez les autres animaux. — Dieu, répondit Ya'çûb, m'a donné cette qualité; mais j'ai aussi bien d'autres qualités que le Très-Haut m'a départies, et dont il a privé les autres animaux. Ainsi, il a donné à moi et à mes ancêtres l'art de régner et le don de la prophétie, et nous tenons ces choses par héritage, de génération en génération; choses qu'aucun autre animal ne possède. Dieu nous a accordé, en outre, la science de la géométrie et beaucoup d'autres arts,

[1] D'après le contexte, Ya'çûb doit être une abeille.

en sorte que nous savons bâtir nos demeures en perfection. Nous pouvons goûter à tous les fruits et nous poser sur chaque fleur. Avec notre salive nous faisons le miel qui donne aux hommes la santé. Des versets du Coran parlent avec éloge de notre excellence. Notre forme et notre conduite sont, pour les plus insouciants, une preuve de l'admirable puissance de Dieu. Ainsi, Dieu a composé notre corps de trois parties jointes ensemble : celle du milieu est carrée; la partie inférieure est allongée, et la tête est arrondie. Nous avons des pattes de devant et de derrière en rapport admirable avec la forme hexagone de nos membres, et qui facilitent nos mouvements. Nous construisons nos habitations avec tant d'art, que l'air ne peut s'y introduire et incommoder nous et nos petits.

« Au moyen seulement de nos pattes nous pouvons prendre les fruits, les feuilles, les fleurs des arbres et les déposer dans nos demeures. Nous avons à nos épaules quatre ailes, afin de voler comme il faut, et un peu de poison à notre aiguillon, afin de nous défendre contre les attaques de nos ennemis. Nous avons le cou mince, afin de tourner facilement la tête à droite et à gauche. Aux deux côtés de la tête, Dieu nous a doués de deux yeux brillants qui nous permettent de voir clairement toute chose. Il nous a donné une bouche qui nous permet de sentir le goût de ce dont nous nous nourrissons. Avec nos lèvres nous réunissons ce que nous voulons manger, et notre estomac a une faculté digestive telle qu'il le transforme en miel, lequel sert de nourriture à nous et à nos petits, de même que Dieu a donné à la mamelle des quadrupèdes la faculté de changer le sang en lait. Comment donc ne serions-nous pas reconnaissants envers Dieu qui nous a accordé ces avantages? C'est donc par bienveillance et compassion pour mes sujets que j'ai voulu prendre moi-même la peine de venir jusqu'ici au lieu d'y envoyer quelqu'un autre. »

Lorsque Ya'çûb eut terminé son discours, le roi lui dit : « Mille remercîments pour ton éloquente harangue. Il est bien vrai que Dieu n'a donné à aucun autre animal les avantages qu'il t'a départis. Mais où sont donc tes sujets? où est ton armée? — Sur les collines, les montagnes et les arbres, là où enfin ils trouvent leur convenance. Toutefois quelques-uns sont entrés dans les domaines des hommes et y ont fixé leur résidence; mais ils ne peuvent y demeurer en sécurité et qu'en s'y cachant, car souvent les hommes les tourmentent, brisent leurs ruches, s'emparent de leur miel et le mangent. »

« Supportez-vous patiemment, ajouta le roi, une telle injustice? — Quand la chose est insupportable, nous quittons leur royaume; mais, dans ce cas, ils usent de toutes sortes de ruses pour rester en paix avec nous. Ils nous font respirer d'excellents parfums et de bonnes odeurs; ils font résonner en notre honneur le tambour et les cymbales; ils nous donnent des choses rares et précieuses pour nous attirer; mais c'est sans aucune preuve ni titre qu'ils prétendent être nos maîtres et nous leurs esclaves. »

CHAPITRE XXII. — *Détails sur l'organisation du royaume des jinns.*

A son tour, Ya'çûb demanda au roi si les jinns sont bien obéissants à leur souverain et à ses lieutenants. « Oui, répondit le roi, ils sont soumis à leurs chefs et leur obéissent passivement; ils exécutent fidèlement les ordres du roi. Dans la nation des jinns, il y en a de bons et de mauvais; il y a des musulmans et des infidèles, comme parmi les hommes. Ceux qui sont bons sont plus obéissants et dévoués à leurs chefs que ne le sont les hommes : ils sont semblables aux astres du ciel, dont le soleil est comme le roi, tandis qu'ils en sont comme l'armée et les sujets : ainsi Mars est le général de l'armée des astres, Jupiter en est le cazi (l'intendant militaire), Saturne en est le trésorier, Mercure le ministre; Vénus est la femme du soleil, et la lune l'héritière présomptive. Les étoiles peuvent être comparées aux sujets, et plus spécialement à l'armée, car elles dépendent toutes du soleil, règlent leurs mouvements sur les siens, et n'en ont pas d'indépendants. »

« D'où vient, dit Ya'çûb, que les étoiles suivent, sans en dévier, la direction qui leur est donnée? — C'est aux anges, répondit le roi, que la chose est due ; car ils forment, eux, l'armée de Dieu, et lui obéissent ponctuellement, comme les cinq sens à l'âme, sans avoir besoin d'avis ni de menace. Les cinq sens, en effet, sont destinés à connaître et à faire connaître ce qui est perceptible sans avoir besoin d'ordre ni de défense. Quand l'âme veut connaître quelque chose, elle est fidèlement servie par eux. Ainsi les anges sont occupés au service et à l'obéissance de Dieu, qu'ils accomplissent avec exactitude.

« Bien que ceux d'entre les jinns qui sont méchants et infidèles n'obéissent pas constamment aux ordres de leur roi, ils valent mieux que les hommes de la même catégorie ; car quelques-uns de ces jinns égarés et infidèles se sont néanmoins soumis à Salomon, et bien qu'il ait exigé d'eux des actes pénibles et difficiles, ils n'ont pas dévié de leur obéissance. Et si quelque homme, se trouvant dans un bois ou un endroit désert, se met à prier, dans la crainte des jinns, ils ne lui font aucun mal. Si, par hasard, un jinn vient à s'emparer d'un homme ou d'une femme et qu'un agent des hommes aille se plaindre au chef des jinns, le délinquant s'enfuit tout de suite. Ce qui prouve encore leur disposition à obéir à la loi de Dieu, c'est qu'une fois, lorsque le dernier prophète du temps (Mahomet) récitait le Coran, quelques jinns ayant passé par hasard et l'ayant entendu, se firent musulmans ; et, étant retournés auprès des individus de leur race, ils leur prêchèrent l'islamisme et les firent participer au bonheur de recevoir la foi, ainsi que le témoignent plusieurs versets du Coran déjà cités.

Les hommes sont bien différents : le polythéisme et l'hypocrisie sont dans leur nature, et ils sont extrêmement fiers et orgueilleux. Par intérêt, ils ont quitté le chemin de la bonne direction ; ils ont donné à Dieu des associés et se sont détournés de la voie droite. Ils sont sans cesse occupés à combattre et à s'entre-tuer sur la face de la terre. Ils désobéissent à leurs prophètes et nient leurs miracles et leurs prodiges. Ils ont l'infidélité et l'hypocrisie dans le cœur, quoiqu'ils paraissent quelquefois disposés à obéir. Ils sont ignorants et égarés et ne comprennent rien : c'est ainsi qu'ils ont la prétention d'être nos maîtres et que nous soyons leurs esclaves. »

Lorsque les hommes virent que le roi s'entretenait avec le chef des mouches, ils s'étonnèrent de ce que ce chétif animal jouît d'un privilége dont étaient privés les animaux d'une condition supérieure. « Ne vous étonnez pas, leur dit un sage d'entre les jinns, bien que Ya'çûb, chef des mouches, soit petit et faible de corps, il est cependant très-intelligent et fort savant, et il est le chef et l'orateur de tous les insectes de la terre. C'est lui qui enseigne à tous les animaux la manière de gouverner et d'administrer. Or, il est d'usage chez les rois de s'entretenir avec ceux qui gouvernent et administrent, bien qu'ils soient différents de figure et de forme. Ne croyez donc pas que ce soit par des motifs de partialité que le roi agit ainsi. »

Cependant le roi dit aux hommes en se tournant vers eux : « Vous avez entendu toutes les plaintes que font les animaux de votre tyrannie et ce qu'ils ont répondu à vos prétentions. Apprenez-nous maintenant ce qui vous reste à dire. — Nous avons, répondit l'agent des hommes, beaucoup d'avantages et d'excellences qui démontrent la justesse de nos prétentions. Nous connaissons bien des sciences et des arts et nous l'emportons sur les animaux quant à la prudence et à l'habileté. Nous pouvons nous occuper à la fois des choses de la vie future et de celles de la vie présente, et c'est surtout ce qui nous distingue des animaux. »

A ces mots, les animaux baissèrent la tête et ne répondirent rien. Toutefois, après quelques instants, l'agent des mouches dit : « Si les hommes veulent bien réfléchir, ils s'assureront que nous l'emportons sur eux quant à nos dispositions ingénieuses, à la science et à la bonne entente des choses. En géométrie, nous sommes si habiles que, sans règles ni compas, nous traçons des cercles, des triangles et des carrés, et nous construisons des cellules de différents genres. C'est de nous que les hommes ont appris les règles du gouvernement et de l'administration. Nous avons des portiers et des chambellans qui empêchent que personne n'arrive, sans permission, auprès de notre roi. Des feuilles des arbres nous extrayons du miel, nous le réunissons et nous le mangeons tranquillement avec nos petits dans nos cellules. Les hommes prennent ce qu'ils peuvent de nos restes et l'emploient à leur usage. Personne ne nous a instruits de ces choses : c'est Dieu qui nous les a révélées, car nous les avons apprises sans l'aide ni l'assistance d'un maître. Si, en effet, nous étions les esclaves des hommes, ceux-ci mangeraient-ils nos restes? Les rois ne sont pas dans l'usage de manger les restes de leurs esclaves. Les hommes ont besoin de nous pour bien des choses, et nous n'avons besoin d'eux en rien. Ainsi leur prétention n'est nullement fondée.

« Si, par exemple, les hommes font attention à la fourmi, ils verront que, malgré son petit corps, elle sait se creuser dans la terre des habitations qui n'ont pas besoin de murs et qui, néanmoins, n'ont rien à craindre des pluies torrentielles. Elle y amasse du blé pour s'en nourrir : s'il vient à être mouillé, elle l'en retire et le fait sécher au soleil. Si elle craint que le grain ne germe, elle en enlève la cosse et le coupe en deux morceaux. Pendant les chaleurs, un grand nombre de fourmis se réunissent par caravanes et vont, de tous côtés, à la recherche de la nourriture. Si elles rencontrent une d'elles qui soit tombée sous le poids de sa charge, elles en prennent une partie et vont avertir leurs compagnes. Il en arrive alors qui la relèvent, après bien des efforts. Quand elles s'aperçoivent qu'elle est incapable de travailler, elles s'en débarrassent en la tuant. Si l'homme réfléchit, il doit se convaincre que les fourmis sont instruites et intelligentes.

« De même la sauterelle, lorsqu'elle a bien bu et bien mangé, au printemps, et qu'elle s'est engraissée, elle va sur un terrain tendre, elle y fait un creux et y dépose ses œufs;

elle les couvre ensuite et s'envole, et quand le temps de sa mort arrive, les oiseaux mangent son corps. Au printemps de l'année suivante, lorsque l'air est tempéré, un petit ver sort de l'œuf déposé dans la terre; il se nourrit de l'herbe des champs; puis il se transforme, il devient ailé et il grossit. A son tour il produit des œufs, il les cache dans la terre, et la chose se passe ainsi chaque année.

« Il en est ainsi du ver à soie, qui vit généralement sur les arbres des montagnes, et spécialement sur le mûrier. Dans les jours du printemps, lorsqu'il est bien gras, il se fait un nid avec sa salive contre la branche d'un arbre et s'y endort paisiblement. Lorsqu'il se réveille, il en sort et produit des œufs; puis les oiseaux le mangent, ou bien il meurt naturellement de chaud ou de froid. Les œufs se conservent pendant une année; l'année suivante, de petits vers à soie en naissent et montent sur les arbres. Lorsqu'ils ont acquis la force nécessaire, ils agissent comme leurs devanciers.

« De leur côté les guêpes construisent une sorte de toit sur les arbres et les murs et y placent dessous leurs œufs et leurs petits. Toutefois elles n'amassent pas de quoi manger, mais elles vont journellement à la recherche de leur nourriture. Quand le froid vient, elles se retirent dans des grottes ou dans des trous, et y meurent. Leur enveloppe reste là pendant tout l'hiver et ne se pourrit ni ne se décompose jamais. Puis au printemps, par l'effet de la puissance de Dieu, la vie revient à leur corps, et elles produisent encore des œufs et des petits.

« De cette même manière tous les insectes de la terre se reproduisent; ils ont le plus grand soin de leurs petits, sans en rien attendre, tandis que les hommes espèrent la réciprocité de la part de leurs enfants, n'ayant en partage ni la générosité ni la bonté qui distingue la véritable grandeur. En quoi donc peuvent-ils se flatter de nous être supérieurs? La mouche, le moucheron, le moustique et tous les autres insectes qui produisent des œufs, élèvent leurs petits et se construisent une demeure, n'agissant pas seulement pour leur utilité propre, mais pour celle d'autres vers, pour qu'ils sachent qu'ils doivent positivement mourir, et que lorsque l'heure de leur décès arrivera, ils l'acceptent avec soumission et même avec joie. Puis, l'année suivante, Dieu, par l'effet de sa puissance, les produit de nouveau. Aucun de ces insectes ne nie, comme le font quelques hommes, la création et la résurrection. Si les hommes connaissaient bien ce qui concerne ces animaux, ils s'assureraient qu'ils sont plus habiles qu'eux à se procurer leur nourriture et à se préparer à la mort. Ainsi ils ne se flatteraient pas d'être les maîtres des animaux, et ils ne considéreraient pas ces derniers comme leurs esclaves. »

Quand l'agent des mouches eut terminé son discours, le roi lui en témoigna sa satisfaction, et s'adressant aux hommes, il leur dit : « Vous avez entendu tout ce qui a été dit : avez-vous à répondre encore quelque chose? — Oui, dit un Arabe, nous possédons des excellences et des qualités qui appuient nos prétentions. Notre vie se passe délicieusement. Nous nous procurons facilement les nourritures et les boissons les plus agréables, choses dont les animaux n'ont aucune idée. Nous mangeons l'amande et la chair des fruits, et les animaux la peau et l'écorce. Nous nous nourrissons en outre des mets les plus fins et des friandises les plus appétissantes, du lait, du caill, du *ghî*, de toutes sortes de pâtisseries, de douceurs et de confitures. Pour nous divertir nous avons la danse et la musique, des jeux, des fêtes, des récits de contes. Nous nous couvrons de vêtements somptueux; nous ornons notre corps de bijoux de différents genres, et nous faisons usage de tapis de toutes sortes. Les animaux sont privés de tout cela : ils se bornent à manger l'herbe des bois, et à la nuit, entièrement nus, ils sont couchés durement comme les esclaves [1]. Tout prouve donc l'équité de nos prétentions. »

Le rossignol, agent des oiseaux, qui était perché sur la branche d'un arbre, dit alors au roi en réponse à ce discours :

[1] L'étiquette orientale exige que les esclaves couchent par terre, souvent dans la même chambre que leurs maîtres.

« Cet homme, qui se vante des nourritures et des boissons recherchées qu'il prend, ignore sans doute qu'en réalité ces choses ne sont pour ses semblables qu'une source de peine et de fatigue. En effet, il leur faut bêcher la terre, la labourer, construire des ponts, arroser, ensemencer les champs, moissonner, peser le grain, le moudre, chauffer le four, y faire cuire le pain. Il leur faut se disputer avec le boucher pour l'achat de la viande; savoir faire leur compte avec les marchands; se donner bien du mal pour amasser de l'argent; étudier les sciences et les arts; fatiguer leur corps, voyager dans les pays lointains; se tenir debout les mains jointes devant les princes pour en obtenir quelques sous (*païça*). Ce n'est qu'au moyen de toutes ces peines qu'ils peuvent amasser des richesses; à leur mort elles sont dévolues à d'autres, et alors, si elles sont mal acquises, ils en en sont punis dans l'autre vie.

Quant à nous, nous n'avons pas à supporter ces peines et ces fatigues, car nous ne nous nourrissons que d'herbe et de feuilles; nous prenons ainsi, sans aucun effort, ce que la terre produit d'elle-même. Nous mangeons les fruits de différentes espèces que Dieu, dans sa puissance, a produits pour nous, et nous lui en sommes reconnaissants. Nous n'avons jamais aucun souci pour le boire et le manger : quelque part que nous allions, nous trouvons ce qu'il nous faut; tandis que les hommes sont toujours en peine de leur nourriture. D'ailleurs, les mets variés dont ils se nourrissent sont pour eux une source des indispositions et des maladies de toutes sortes dont ils sont affligés, et qui les obligent de courir après les médecins pour chercher à s'en guérir. »

« Les maladies, répondit l'homme, ne sont pas propres seulement à l'humanité : les animaux y sont bien plus sujets que nous. — Cela est vrai, répondit le rossignol, mais seulement pour ceux d'entre nous qui vivent avec vous, tels que le chien, le chat, le pigeon, la poule, etc., qui ne peuvent pas manger et boire à leur manière, et qui contractent ainsi des maladies. Quant aux animaux qui vivent librement dans les bois, ils sont à l'abri de toute maladie, parce que le temps de leur nourriture n'est pas fixé, et elle n'est ni quelquefois trop abondante, ni d'autres fois en trop petite quantité. Au contraire, les animaux que vous tenez auprès de vous en asservissement ne passent pas leur temps à leur manière. Ils mangent quand ils n'ont pas faim, ou bien ils mangent trop quand ils ont faim; ils ne peuvent pas garder une salutaire abstinence, et c'est ainsi qu'ils sont souvent malades.

« Les mêmes causes motivent les maladies de vos enfants, parce que les femmes et les nourrices mangent intempestivement, par avidité, les mets dont vous vous enorgueillissez; et c'est ainsi qu'un dérangement s'opère dans la circulation du sang et des humeurs, par suite de quoi le lait se corrompt; il produit un effet fâcheux sur la nature de l'enfant et engendre les maladies auxquelles ils sont en proie. Par suite de ces maladies ils meurent prématurément et souffrent, dans tous les cas, de toutes sortes d'incommodités et d'infirmités dont nous sommes exempts.

« D'entre toutes les nourritures que vous employez, le miel est la plus précieuse et la meilleure. Vous en mangez et vous vous en servez de médicament : toutefois il n'est que la salive des mouches; ce n'est pas vous qui le produisez. Quant aux fruits et aux grains, nous nous en nourrissons aussi bien que vous. Nos ancêtres respectifs vivaient ensemble dans les temps anciens, et lorsque vos grands parents Adam et Ève demeuraient dans le paradis terrestre et, sans souci, mangeaient à leur gré les fruits qu'ils y trouvaient, nos ancêtres vivaient joyeusement et agréablement en leur compagnie.

« Lorsque votre premier père, trompé par son ennemi, eut oublié l'avertissement de Dieu, il éprouva de l'avidité pour un grain [1], il fut chassé du paradis, des anges le conduisirent en un endroit où il n'y avait ni fruit ni feuille. Adam et sa compagne se mirent à pleurer, et à la fin leur repentir fut agréé. Dieu leur pardonna leur péché, et il leur envoya un

[1] On sait que, selon une tradition rabbinico-musulmane, le fruit défendu était *le blé*.

ange qui apprit à Adam à labourer la terre, à l'ensemencer, à broyer le blé, à le faire cuire et à se faire des vêtements. Jour et nuit les hommes travaillèrent ainsi péniblement. Lorsqu'ils se furent multipliés et qu'ils se furent répandus partout, ils se mirent à user de violence envers les autres habitants : ils pillèrent leurs habitations; ils prirent des animaux et les retinrent prisonniers, tandis que d'autres prirent la fuite. Alors, afin de s'en emparer, ils dressèrent toutes sortes d'embûches et de filets et se mirent à leur poursuite; et enfin, vous en êtes venus jusqu'à mettre en avant votre dignité et vos priviléges, et à entrer en contestation avec nous sur vos prétentions.

« Quant aux festins que vous vous flattez de faire, à la danse, à la musique, aux plaisirs et aux divertissements dans lesquels vous passez votre temps, aux vêtements somptueux dont vous vous couvrez, il est vrai que nous ne jouissons pas de toutes ces choses; mais, comme compensation de ces avantages, vous éprouvez aussi bien des peines que nous ignorons. Souvent, après ces repas recherchés, vous vous asseyez dans la maison du deuil, et vous éprouvez du chagrin après avoir ressenti de la joie. Après la musique et les joyeux divertissements viennent les pleurs et la tristesse; à la place des riches habitations vous avez à dormir dans le tombeau ténébreux; au lieu des bijoux dont vous ornez votre corps on vous met quelquefois des colliers de fer, des menottes et des chaînes aux pieds; enfin, après avoir écouté complaisamment vos louanges, vous avez à subir le blâme et la critique. En un mot, à la place de chaque chose qui vous est agréable, vous devez supporter un chagrin. Quant à nous, nous n'éprouvons pas ces sensations pénibles, notre état d'esclavage nous habituant à tous ces maux.

« Au lieu de vos villes et de vos maisons nous avons la vaste plaine de la terre à notre disposition, et nous volons à notre gré jusqu'au ciel. Nous prenons notre nourriture sans empêchement sur les bords verdoyants des rivières, où, sans nous donner aucun mal, nous trouvons des aliments purs et de l'eau limpide. Nous n'avons besoin ni de corde, ni de seau, ni d'outre, ni de cruche; tandis que toutes ces choses vous sont nécessaires afin de porter l'eau sur vos épaules et aller çà et là pour la vendre. La peine et la fatigue que vous êtes obligés de supporter sont le propre des esclaves. Comment donc pouvez-vous affirmer que vous êtes nos maîtres et que nous sommes vos esclaves? »

« Avez-vous encore, dit le roi à l'agent des hommes, quelque chose à faire valoir en réponse à ces objections? — Oui, dit un Hébreu, qui prit alors la parole. Parmi les excellences que le Très-Haut nous a départies à nous seuls, se trouvent en première ligne la religion, la prophétie et la révélation; la connaissance de ce qui est permis et de ce qui est défendu, du bien et du mal, enfin de tout ce qui est nécessaire pour entrer en paradis. Il nous a appris l'ablution et la purification, la prière particulière, le jeûne, l'aumône, la prière publique dans les mosquées, la prédication en chaire et beaucoup d'autres actes de piété, toutes choses qui prouvent amplement notre supériorité. »

« En y réfléchissant bien, répliqua l'agent des oiseaux, il est facile de comprendre que ces choses dont vous vous vantez vous ont été imposées comme une pénitence et une punition; car Dieu a établi ces actes de dévotion afin que vos péchés soient pardonnés et que vous ne tombiez pas dans l'égarement, ainsi qu'il a dit dans le Coran : *Certes les bonnes œuvres repoussent le mal*[1]. Si les hommes n'agissent pas conformément aux règles de la loi, ils auront le visage noir auprès de Dieu, et c'est donc par cette crainte qu'ils se livrent à son service. Quant à nous, nous sommes exempts de péchés, et ainsi nous n'avons pas besoin des pratiques dont les hommes sont si fiers. Dieu a envoyé les prophètes aux hommes parce qu'ils étaient infidèles, polythéistes et criminels, parce qu'ils ne rendaient pas à Dieu le culte qui lui est dû, mais qu'ils passaient le jour et la nuit dans le libertinage et la cor-

[1] XI, 116.

ruption. Mais nous ne sommes ni polythéistes ni rebelles. Nous reconnaissons Dieu unique et sans compagnon, et nous exécutons envers lui les devoirs de l'adoration. Les prophètes sont pareils aux médecins et aux astrologues, dont les hommes ont besoin : des premiers pour se guérir des maladies, des autres pour se garantir des mauvaises influences des astres.

« L'ablution et la purification vous sont commandées parce que vous êtes toujours impurs, attendu que vous passez la nuit et le jour dans les plaisirs sensuels défendus et que vous souillez ainsi votre corps. Quant à nous, nous évitons ces choses : nous ne nous rapprochons de nos femelles que fort rarement, sans mauvaise passion, mais seulement pour la reproduction de l'espèce. Vous êtes obligés à la prière et au jeûne afin que vos péchés vous soient pardonnés ; mais nous n'en commettons pas ; comment serions-nous soumis à ces obligations ? L'aumône vous est imposée parce que vous acquérez une grande partie de vos biens d'une manière illicite et honteuse et que vous ne rendez pas à chacun son droit. Si de vous-même vous faisiez l'aumône, vous y obligerait-on ? Pour nous, nous traitons avec bienveillance les individus de notre espèce ; nous ne connaissons pas l'avarice et nous ne thésaurisons pas.

« Quant à ce dont vous vous vantez, de la connaissance que Dieu vous a donnée de ce qui est permis et de ce qui est défendu et aux versets du Coran qu'il a révélés sur les lois pénales et le talion, tout cela est pour votre instruction, car vos cœurs sont ténébreux ; par incapacité et ignorance ils ne savent pas distinguer ce qui est avantageux de ce qui est nuisible ; c'est pour cela que vous avez besoin de maîtres et de docteurs. Quant à nous, Dieu nous fait tout connaître sans l'entremise des prophètes ; car il a dit : « Ton Seigneur a inspiré aux abeilles de préparer leurs habitations dans les montagnes[1]. » Et ailleurs : « Tout animal connaît sa prière et sa

[1] Coran, XVI, 70.

louange[1]. » Et ailleurs encore : « Dieu a fait surgir un corbeau et il l'a envoyé sur la terre pour montrer à Caïn comment il pourrait cacher le meurtre de son frère (en creusant la terre et y enterrant Abel). — Ah ! (dit Caïn) malheur à moi : je voudrais être comme ce corbeau pour cacher le crime que j'ai commis contre mon frère et m'en repentir[2]. »

« Vous vous flattez aussi de vous réunir dans des mosquées et des temples pour prier ; mais nous n'avons pas besoin de pareils édifices. Tout endroit est pour nous un lieu d'adoration et une quibla. Partout où nous tournons nos regards, nous y voyons la manifestation divine. Nous ne connaissons pas non plus spécialement la prière du vendredi et des fêtes, car jour et nuit nous sommes occupés à prier. Bref, nous n'avons aucun besoin des choses dont vous tirez gloire. »

Après que l'agent des oiseaux eut terminé sa harangue, le roi invita les hommes à exposer ce qu'ils pouvaient avoir encore à dire. Alors, l'habitant de l'Irac prit la parole en ces termes : « Il y a encore bien d'autres excellences et perfections qui prouvent que nous avons droit de considérer les animaux comme nos esclaves.

« Tels sont les superbes vêtements dont nous nous couvrons : le double schall (châle long), les étoffes de brocart et de soie, et tant d'autres ; les tapis de tout genre et tous les objets de luxe que nous employons. Les animaux sont privés de tout cela ; ils vont tout nus dans les bois et se couchent par terre comme le font les esclaves. Tous ces dons et toutes ces faveurs de Dieu envers nous sont des preuves de notre supériorité, de notre droit de commander aux animaux et de faire d'eux ce qui nous plaît.

« Ces vêtements fins et somptueux dont vous vous glorifiez, dit alors Kalila, l'agent des animaux carnassiers, d'où proviennent-ils, dites-le moi ? Ne les avez-vous pas enlevés aux

[1] Coran, XXXIV, 41.
[2] *Ibid.*, V, 34.

animaux par ruse ou par violence ? Plusieurs de vos étoffes sont dues non aux hommes, mais à la salive des vers à soie qui rampent sur la terre et qui font sur les arbres, au moyen de leur salive, un abri pour le froid et le chaud. Vous leur enlevez violemment le produit de leur travail ; mais vous avez la peine de filer et de tisser cette soie ; puis le tailleur en fait des vêtements et le blanchisseur les lave. Il faut encore que vous conserviez soigneusement ces étoffes pour les vendre, s'il y a lieu, ce qui vous met en souci.

« Il en est de même pour les vêtements qui sont fabriqués avec la peau ou les poils des animaux, particulièrement vos étoffes les plus somptueuses qui sont généralement faites avec la laine que vous enlevez aux animaux par ruse et par fraude pour l'employer à votre usage. Vous ne devez donc pas en tirer vanité ; ce serait bien plutôt à nous de nous glorifier ; car Dieu nous a créés de telle sorte que c'est nous-mêmes qui fournissons à notre vêtement et à notre abri. Dieu dans sa bonté nous a donné un vêtement tel qu'il nous garantit à la fois du froid et du chaud. Dès notre naissance, Dieu donne à notre corps ce vêtement sans que nous ayons besoin de nous le procurer péniblement ; tandis que vous, hommes, vous êtes en souci à ce sujet jusqu'au moment de votre mort. C'est parce que votre premier père désobéit à Dieu que cette peine vous a été imposée en rétribution. En effet, lorsque Dieu eut créé Adam et Ève, il leur avait donné, comme à nous, la nourriture et le vêtement. A cette époque, ils habitaient du côté du nord sur la montagne des rubis sous l'équateur. Ils étaient nus, mais les cheveux de leur tête leur couvraient le corps et les préservaient du froid et du chaud. Ils allaient et venaient dans le jardin où ils demeuraient et se nourrissaient du fruit des arbres. Ils n'étaient soumis à aucun des inconvénients auxquels les hommes sont actuellement en proie. Dieu leur avait permis de manger de tous les fruits du paradis, à l'exception d'un seul ; mais ils oublièrent l'ordre de Dieu, trompés qu'ils furent par Satan. Tout à coup ils perdirent leur position ; les cheveux tombèrent de leur tête et ils restèrent nus. Alors les anges les firent sortir du paradis par l'ordre de Dieu, ainsi que le sage jinn l'a déjà raconté. »

A cette harangue du chacal, agent des animaux carnassiers, un homme répondit : « Il ne vous convient pas de tenir ce langage en ma présence. Vous feriez mieux de garder le silence ; car aucun animal n'est plus méchant que vous et nul n'est plus cruel. Il n'en est pas non plus qui soit plus avide des corps morts. Vous n'êtes bon à rien, si ce n'est à faire du mal aux autres animaux ; vous n'êtes occupé que de meurtre et de pillage. Au surplus, tous les animaux carnassiers vont à la chasse des autres animaux, ils en brisent les os, en boivent le sang et n'éprouvent jamais aucune compassion à leur égard. »

« Les cruautés que vous nous reprochez, répliqua le chacal, c'est de vous-mêmes que nous les avons apprises ; autrement nous ne nous en serions jamais doutés ; car, avant d'avoir vu la conduite des hommes, les animaux carnassiers ne faisaient pas la chasse aux autres animaux ; ils se bornaient à manger la chair de ceux qu'ils trouvaient morts dans les bois et les forêts ; mais ils n'attaquaient jamais les animaux vivants. Tant qu'en errant çà et là ils trouvaient de la chair à manger, ils ne songeaient jamais à déchirer de leurs griffes des animaux en vie ; ce n'était qu'à la dernière extrémité et lorsqu'ils y étaient contraints et forcés. Mais lorsque vous avez paru dans le monde et que vous vous êtes emparés des chèvres, des brebis, des vaches, des bœufs, des chameaux, des ânes et les avez réduits en esclavage, vous ne nous avez plus laissé d'animal vivant dans les bois dont la chair pût nous servir de nourriture. C'est ainsi que nous nous sommes vus forcés de faire la chasse aux animaux vivants. La chose nous est donc permise, de même qu'il vous est permis de vous nourrir dans un cas de nécessité d'un animal mort naturellement. Vous nous accusez d'avoir le cœur dur et d'être sans pitié ; mais cependant aucun animal ne se plaint de nous, tandis que tous se plaignent de vous ; et quant au reproche que vous nous faites d'éventrer les animaux, d'en boire le sang et d'en manger la chair, vous faites la même chose ; et, de plus, vous coupez leur chair avec des couteaux, vous les tuez, vous les écorchez, vous leur fendez le ventre, vous brisez leurs os, vous faites rôtir leur chair ; choses que nous ne faisons pas. Si vous réfléchissez bien, vous vous assurerez que la méchanceté des bêtes féroces n'est pas comparable à la vôtre ; surtout en ce qui concerne votre conduite envers vos parents et amis.

« Vous dites que nous ne sommes bons à rien ; cependant vous savez profiter de notre peau et de notre poil. Vous prenez tout le gibier que vous pouvez atteindre, vous vous en nourrissez et vous êtes si avares à notre égard que vous enterrez vos morts, afin de nous priver de les manger. Ainsi les hommes morts ne nous sont pas plus utiles que vivants.

« Si les animaux carnassiers tuent les autres animaux et s'en emparent, c'est à votre exemple ; car depuis le temps d'Abel et de Caïn jusqu'à aujourd'hui, ils vous voient agir de même. Vous êtes toujours en dispute et en guerre : vos plus grands personnages Rustam, Isfandiar, Jamsched, Zuhâc, Farîdûn et Araciâb, Manuchhir, Darius, Alexandre, etc., n'ont pas cessé de guerroyer. Vous n'êtes occupés que de troubles et de séditions. C'est donc, de votre part, une grande effronterie que de nous reprocher notre conduite. Vous voulez nous imposer votre domination par ruse et par astuce. Sommes-nous sans cesse en contestation entre nous comme vous l'êtes, nous animaux carnassiers, et cherchons-nous, comme vous, à nous faire du mal les uns aux autres? Réfléchissez y bien et vous verrez que nous valons mieux que vous. »

Kalûla ajouta : « Vous avez parmi vous des abstinents et des dévots qui quittent le monde pour vivre dans les montagnes et les bois où habitent les bêtes féroces, avec lesquelles ils sont en contact jour et nuit ; eh bien ! ces animaux ne les touchent pas. Si donc nous n'étions pas meilleurs que vous, vos faquirs viendraient-ils demeurer auprès de nous? car les gens pieux ne vont pas d'habitude trouver les méchants, mais ils s'en éloignent.

« Une autre preuve en faveur des animaux carnassiers est celle-ci : Lorsque les rois qui vous tyrannisent doutent de la sainteté de quelqu'un, ils l'envoient dans les bois et les forêts. Si les bêtes féroces ne les déchirent pas, ils connaissent par là qu'en effet l'individu est pieux et respectable. Or, chacun reconnaît qui lui ressemble, et c'est ainsi que les animaux, qui sont bons en réalité, reconnaissant leurs pareils, ne leur font aucun mal. « L'ami de Dieu reconnaît l'ami de Dieu, » dit un proverbe persan. Il est très-vrai qu'il y a des animaux carnassiers méchants; mais n'y en a-t-il pas dans toutes les espèces? Les animaux carnassiers qui sont méchants ne déchirent pas les hommes justes et bons; ils dévorent seulement les mauvais, conformément à qu'a dit Dieu : « Nous avons fait opprimer les oppresseurs par les oppresseurs, afin qu'ils reçoivent la rétribution de leurs crimes [1]. »

Quand l'agent des animaux carnassiers eut terminé sa harangue, un sage de la classe des jinns prit la parole en ces termes : « En effet, les bons fuient les méchants et s'associent avec ceux qui leur ressemblent, bien qu'ils ne soient pas de la même espèce. Les méchants fuient aussi les bons et s'associent aux méchants. Si les hommes n'étaient pas méchants et pervers, pourquoi les dévots et les abstinents iraient-ils habiter les bois et les montagnes en compagnie des animaux carnassiers, bien qu'il n'y ait entre eux aucune relation apparente, si ce n'est probablement une convenance de qualités?— C'est très-vrai, répondirent tous les jinns, il n'y a pas de doute en cela. » Les hommes, en entendant ces critiques, furent tout honteux et baissèrent la tête. Sur ces entrefaites, la nuit arriva, la séance fut levée et tous se retirèrent dans leurs demeures respectives.

[1] Coran, VI, 129.

CHAPITRE XXIII. — *Discussion entre l'homme et le perroquet.*

Le lendemain matin, le roi des jinns invita les hommes à exposer les arguments qu'ils pouvaient faire encore valoir en leur faveur. « Nous ne manquons pas, dit le Persan, de qualités louables par lesquelles nous pouvons soutenir nos prétentions. Nous avons, parmi nous, des rois, des vizirs, des émirs, des munschis, des ministres, des administrateurs, des généraux, des massiers, des serviteurs, des aides ; nous avons, en outre, bien des classes de gens riches, de nobles, de gens de mérite, de savants, d'abstinents, de religieux, de dévots, de prédicateurs, de poëtes, de gens habiles en différents genres, de cazis, de muftis, de sofis, de grammairiens, de logiciens, de médecins, de géomètres, d'astronomes, de prêtres, d'interprètes des songes, d'alchimistes, de magiciens ; nous avons des artisans de toute espèce, des architectes, des tisserands, des cardeurs de coton, des cordonniers, des tailleurs, etc., et chacune de ces classes a des mœurs particulières, d'excellentes qualités et des pratiques louables. Toutes ces choses nous sont propres, et les animaux n'y ont aucune part ; elles contribuent à prouver que nous devons être les maîtres et eux les esclaves.

« Cet homme, dit le perroquet au roi, a vanté avec excès les différentes classes de ses semblables ; mais s'il connaissait celles des oiseaux, il s'assurerait qu'elles n'y sont pas inférieures. A chacune des classes honnêtes qu'il signale, je puis en opposer de vicieuses, et aux bons les mauvais. Il y a parmi eux des Nemrod, des Pharaon, des infidèles, des méchants, des polythéistes, des hypocrites, des hérétiques, des traîtres, des tyrans, des voleurs de grand chemin, des filous, des *pick-pockets* des deux sexes, des menteurs, des criminels de tout genre, des fous, des avares, et tant d'autres classes de gens dont les actes et les paroles ne sauraient être exposés. Sommes-nous plus mauvais que les hommes, ou bien ne partageons-nous pas plutôt leurs bonnes qualités? En effet, dans notre ordre, nous avons des chefs qui sont nos amis et nos soutiens; bien plus, nos chefs nous gouvernent mieux que les rois des hommes; car, ces derniers n'entretiennent leurs soldats et leurs sujets que pour leur avantage et leur intérêt : aussitôt qu'ils ont atteint leur but, ils ne s'occupent plus d'eux ; mais telle n'est pas la conduite de nos chefs.

« Il faut pour le bon gouvernement et la bonne administration que le roi traite avec indulgence et bienveillance son armée et ses sujets, imitant par là Dieu, qui est clément et miséricordieux envers les hommes. C'est ainsi qu'agissent les chefs des animaux, ceux des fourmis et des oiseaux, par exemple, et ils n'attendent rien en échange : ils n'espèrent pas même retirer quelque avantage de leur progéniture, comme les hommes qui, après avoir élevé leurs enfants, en tirent parti pour leur service. Les animaux mettent au monde leurs petits et les élèvent; puis ils ne s'en occupent plus : c'est par l'effet de leur bonté naturelle qu'ils les nourrissent pendant leur jeune âge. Ils suivent l'exemple de Dieu qui, après avoir créé l'homme, le nourrit sans attendre de lui aucune reconnaissance. Si les hommes n'étaient pas méchants, Dieu aurait-il eu besoin de leur faire un commandement exprès d'être reconnaissants envers lui et leurs père et mère? Aucun ordre de ce genre ne nous a été donné, parce que l'infidélité et la désobéissance nous sont inconnues. »

« Tout cela est vrai, » dirent les jinns. A ces mots, les hommes baissèrent la tête tout honteux et ne répliquèrent rien. « Mais quels sont donc, dit le roi des jinns à un sage, ces rois dont le perroquet a parlé qui traitent avec bienveillance et affection tous leurs sujets? — Il a voulu parler des anges, répondit le sage; car, à toutes les classes d'animaux Dieu a donné des anges pour les protéger et les garder; et, à leur tour, les anges ont des chefs pleins de bonté et d'indulgence.

« Lorsque Dieu créa les hommes pour le servir, il créa aussi pour chacun d'eux un ange gardien d'une belle forme et d'une excellente nature. Il leur a donné la faculté de tout connaître, et de savoir distinguer parfaitement ce qui est utile de ce qui est nuisible. Il a créé pour leur habitation le soleil, la lune et les étoiles ; pour leur nourriture, les fruits et les feuilles des arbres.

« Quel est, dit le roi, le chef des anges gardiens de l'homme? — C'est, répondit le sage, *nafs-i nâtica* (l'âme parlante), qui résida dans le corps d'Adam depuis que Dieu l'eut créé. Les anges qui adorèrent Adam, conformément à l'ordre de Dieu, sont nommés *nafs-i haïwânî* (souffle animal), et ils sont les suivants du *nafs-i nâtica*. Celui qui ne voulut pas adorer Adam, c'est Iblis, qui représente la colère et la concupiscence. Jusqu'à ce jour les hommes possèdent le *nafs-i nâtica*, de même qu'ils ont conservé la forme corporelle d'Adam. Ils naissent ainsi, ils ressusciteront ainsi au dernier jour, et ils entreront ainsi dans le paradis. »

« Comment se fait-il, dit le roi, que ni les anges, ni les âmes ne se voient? — C'est, répondit le sage, parce qu'ils sont lumineux et transparents, et qu'ainsi ils sont inaccessibles aux sens. Toutefois, les prophètes et les saints les voient à cause de la pureté de leur cœur, car leurs âmes sont libres de l'obscurité de l'ignorance, et ne connaissent pas le sommeil de l'insouciance. Ils ont de l'analogie avec les âmes et les anges et c'est ainsi qu'ils les voient, qu'ils s'entretiennent avec eux, et qu'ils transmettent aux autres hommes leurs discours. »

Après avoir remercié son docteur de ces explications, le roi dit au perroquet de terminer les siennes, ce qu'il fit en ces termes : « L'homme se vante en vain de ses arts et de ses industries ; car il y a des animaux qui y sont aussi habiles. La mouche (à miel), par exemple, sait bien mieux qu'eux avec leurs architectes et leurs géomètres, bâtir et approprier son habitation, sans terre, ni brique, ni chaux. Elle sait tirer une ligne sans règle, un cercle sans compas. Il en est de même de l'araignée ; bien qu'elle soit le plus faible des insectes, elle sait mieux que les tisserands faire la trame et la chaîne de son étoffe. De sa salive elle forme d'abord des fils, puis elle les réunit, ensuite elle y en place d'autres au-dessus et laisse un petit trou au milieu afin d'y prendre les mouches. Pour tout cela, elle n'a pas besoin de matériaux, tandis que les tisserands ne pourraient pas faire de toile sans rien.

« Le ver à soie qui est si faible aussi, a plus de science et d'habileté que les meilleurs ouvriers humains. Lorsqu'après s'être nourri il est satisfait, il se dirige vers l'endroit qu'il doit habiter, et là, il étend d'abord au moyen de sa salive de légers fils ; puis en place d'autres au-dessus, il consolide ainsi la contexture afin que ni l'air, ni l'eau n'y puissent pénétrer, et il s'endort dans cette habitation. Toute cette habileté est son partage sans que ni son père, ni sa mère, ni un maître lui aient rien enseigné. Il n'a besoin ni d'aiguille, ni de fil, comme les tailleurs et les repriseurs, qui sans cela ne pourraient travailler. L'hirondelle suspend son nid sous les toits sans avoir besoin d'échelle ni de rien autre pour y monter. La fourmi blanche bâtit sa maison sans terre ni eau, ni aucun instrument.

« Enfin, chaque oiseau et tout animal quelconque sait se construire un nid ou une habitation et élever sa progéniture. Ils ont plus d'intelligence et de capacité que les hommes. Voyez comme l'autruche, qui est à la fois animal de terre et oiseau, prends soin de ses petits ! Quand elle a pondu vingt à trente œufs, elle en fait trois portions, une desquelles elle place dans la terre, elle expose l'autre aux rayons du soleil et elle couve la troisième. Lorsque les œufs sont éclos, elle creuse la terre et en retire des vers pour en nourrir ses petits. Il n'y a pas de femme parmi les hommes qui ait autant de soin de ses enfants. C'est la sage-femme et la nourrice qui s'en chargent. Au moment de la naissance, la sage-femme baigne et lave l'enfant, la nourrice l'allaite et le fait dormir dans son berceau ; elles font tout et la mère ne se met en peine de rien.

« De leur côté, les enfants ne sont pas raisonnables ; ils ne comprennent pas ce qui leur est utile ou nuisible. De quinze à vingt ans ils arrivent à l'âge de discrétion. Alors ils ont besoin de maîtres et de professeurs et pendant toute leur vie, ils passent leur temps à lire et à écrire, ce qui ne les empêche pas d'être de plus en plus déraisonnables. Nos petits, au contraire, aussitôt qu'ils sont nés, distinguent parfaitement le bien du mal. Ainsi, les petits de la perdrix, à mesure qu'ils sortent de l'œuf, savent marcher et becqueter sans l'avoir appris de leur père et mère et s'enfuir si on veut les prendre. Si, dès leur naissance, le Créateur leur a donné l'instinct nécessaire pour distinguer ce qui est bon de ce qui est mauvais; c'est que parmi les oiseaux de cette espèce le mâle et la femelle ne s'associent pas pour élever leurs petits, comme la chose a lieu pour les pigeons, etc. Ils n'ont donc pas besoin de l'éducation maternelle et paternelle pour s'exercer à prendre leur nourriture, encore moins ont-ils besoin de la recevoir, comme c'est le cas pour les autres animaux que leurs parents nourrissent de grain ou allaitent. Les hommes ont-ils donc un rang supérieur à nous?

« Vous faites valoir vos poëtes, vos orateurs et vos chanteurs ; mais si vous connaissiez la langue des oiseaux, si vous compreniez ce que disent les insectes, les vers, les animaux terrestres, les sauterelles, les grenouilles, le rossignol, le coq, la tourterelle, le corbeau, prophète de l'avenir, l'hirondelle, le religieux hibou, la fourmi, la mouche, etc., vous sauriez que tous ces animaux chantent les louanges de Dieu ou annoncent sa grandeur, et qu'il y a parmi eux des poëtes, des orateurs et des chanteurs aussi distingués que les vôtres. Il est, en effet, dit dans le Coran : « Tout dans la nature célèbre les louanges de Dieu; mais on ne le comprend pas [1]. » Or Dieu vous a laissés dans l'ignorance sur ce point, car vous ne comprenez pas ces accents. Toutefois, Dieu a déclaré que nous savons ce que nous disons, par ces autres mots du Coran : « Tout animal connaît la prière qu'il doit réciter et l'hymne qu'il doit chanter [2]. » Or, comme l'ignorant et

[1] XVII, 46.
[2] XXIV, 41.

le savant ne sont pas pareils, il s'ensuit que nous avons sur vous la prééminence. De quoi pouvez-vous donc vous glorifier; et pouvez-vous soutenir sans astuce ni fraude que vous êtes les maîtres et que les animaux sont vos esclaves?

« Vous citez vos astrologues, mais leur art est pour les fous, il n'y a que les femmes et les enfants qui y croient : ils ne jouissent d'aucune considération auprès des gens sensés. Quelques astrologues, pour tromper les fous, annoncent que dans une telle ville, telle chose arrivera dix ou vingt ans plus tard, tandis qu'ils ignorent ce qui doit arriver à eux ou à leurs enfants. Puis ils décrivent les circonstances d'un pays lointain afin que le vulgaire les croit et ait confiance en eux, mais il n'y a que ceux qui sont égarés et infidèles qui se fient aux paroles des astrologues; comme, par exemple, les rois méchants et injustes, qui nient la vie future et méconnaissent le destin de Dieu. Tels furent Nemrod et Pharaon qui, pour obéir aux astrologues, firent périr des centaines, que dis-je, des milliers d'enfants. Ils croyaient que les affaires du monde dépendent des sept planètes, et des douze signes du zodiaque et ils ignoraient que rien ne peut avoir lieu sans l'ordre de Dieu, le créateur des planètes et des étoiles.

« Le fait est que les astrologues annoncèrent à Nemrod qu'un enfant naîtrait, et qu'après avoir reçu son éducation, il parviendrait à un degré éminent et détruirait le culte des idoles. « En quel lieu naîtra cet enfant, demanda-t-il, à quelle nation appartiendra-t-il et où sera-t-il élevé? » A ces questions les astrologues ne purent rien répondre, mais ils l'engagèrent à faire périr tous les enfants qui étaient nés dans l'année. Cependant, Dieu mit au monde Abraham et le préserva du mal. Pharaon agit de même envers les enfants d'Israël. Dans cette circonstance, Dieu préserva aussi Moïse. Ainsi les discours des astrologues ne sont que des futilités; ils ne peuvent empêcher ce qui est décrété, et vous osez vous vanter de vos astrologues et de vos philosophes! Ils ne sont bons qu'à séduire les gens qui aiment à s'égarer : quant à ceux qui ont confiance en Dieu, ils ne tiennent aucun compte de leurs paroles. »

« Mais, dit le roi au perroquet, si les astres ne peuvent pas repousser le mal, pourquoi les hommes étudient-ils l'astrologie et veulent-ils en prouver l'importance ? — On peut bien, répondit le perroquet, repousser le mal par les astres, non comme l'entendent les astrologues, mais avec l'aide de Dieu, le créateur des astres. Pour cela, il faut agir d'après les préceptes de la loi ; implorer Dieu par la prière avec pleurs et gémissements, jeûner, faire l'aumône, donner la dîme ; adorer Dieu dans la sincérité du cœur. Alors quand on demandera à Dieu de repousser le mal, il vous exaucera. Si les astrologues et les sorciers annoncent des événements fâcheux qui doivent arriver, il faut prier Dieu de les éloigner, mais ne pas agir d'après les indications des astrologues.

« Lorsqu'on agit d'après les préceptes de la loi et qu'ainsi on repousse le mal, dit alors le roi, ce que Dieu a destiné est donc anéanti ? — Non, répliqua le perroquet, ce que Dieu a destiné n'est pas anéanti. Toutefois Dieu garantit du mal ceux qui l'invoquent. Ainsi, lorsque les astrologues annoncèrent à Nemrod qu'il devait naître un enfant qui serait hostile au culte des idoles et qui bouleverserait son armée et ses sujets, ils avaient par là en vue Abraham. Il naquit et Dieu se servit de lui pour avilir Nemrod et son armée. Si alors Nemrod eût invoqué Dieu pour qu'il lui inspirât ce qu'il devait faire pour son avantage (spirituel), Dieu lui aurait fait la grâce d'adopter la religion d'Abraham, et lui et son armée auraient été préservés de l'avilissement. De même, lorsque les astrologues annoncèrent à Pharaon la naissance de Moïse, s'il avait invoqué Dieu, Dieu l'aurait fait entrer dans la vraie religion et l'aurait délivré de la honte, ce qui arriva à sa femme, à qui Dieu, dans sa bonté, accorda le bonheur de connaître la foi. De même encore, lorsque les gens de Jonas, éprouvés par l'affliction, eurent recours à Dieu, Dieu fit cesser le fléau qui les désolait. »

« Tout cela est vrai, dit le roi, ainsi en admettant l'utilité de l'étude des astres pour présager les événements avant qu'ils aient lieu, il faut reconnaître la nécessité du recours à Dieu pour les écarter. C'est pour cela que Moïse avait recommandé aux enfants d'Israël d'invoquer Dieu avec supplication et larmes lorsqu'ils craindraient quelque malheur, les assurant qu'il les en préserverait à cause de la sincérité de leur prière. Depuis Adam jusqu'à Mahomet, sur qui sont la paix et le salut de Dieu, cet usage eut constamment lieu, et non comme actuellement que les astrologues trompent les hommes qui, abandonnant Dieu, courent après la marche des astres.

« On doit aussi recourir d'abord à Dieu pour la guérison des malades, qu'on obtient de sa faveur et de sa bonté. Il ne faut donc pas quitter la cour du médecin véritable pour aller consulter les docteurs. Bien des malades ont d'abord recours aux médecins et n'en obtiennent aucun soulagement; alors désespérés, ils s'adressent à Dieu ou même ils écrivent ce qu'ils éprouvent dans des requêtes suppliantes qu'ils pendent aux murs ou aux colonnes des mosquées, et Dieu les guérit.

« Il faut donc recourir à Dieu au sujet de l'influence des astres et ne pas se laisser tromper par les astrologues. Il y avait un roi auquel les astrologues annoncèrent qu'il arriverait dans sa capitale un événement qui troublerait tous les habitants. Le roi demanda comment la chose se passerait, mais ils ne purent pas le lui dire; ils lui firent cependant savoir que l'événement aurait lieu tel quantième de tel mois. Le roi demanda comment on pourrait s'en garantir. Alors les observateurs de la loi lui dirent que ce qui leur paraissait le plus convenable était que ce jour là le roi et ses sujets, grands et petits, sortissent de la ville et vinssent dans la plaine, où ils supplieraient Dieu de détourner d'eux le malheur qui les menaçait, espérant qu'il en serait ainsi. Conformément à cet avis, le roi en ce jour-là sortit de la ville et un grand nombre d'habitants en sortirent avec lui. Ils se mirent à prier afin d'être délivrés de ce qu'ils craignaient, et ils veillèrent toute la nuit.

« Toutefois, un grand nombre de citoyens n'eurent pas peur des prédictions des astrologues et restèrent dans la ville; mais quand la nuit vint, la pluie tomba avec violence pendant toute la nuit. Cette ville était située dans une vallée, l'eau y arriva des quatre côtés et la changea en une mare de boue. Tous ceux qui y étaient restés périrent, tandis que ceux qui en étaient sortis et qui s'étaient occupés à prier furent sauvés, de même qu'à l'époque du déluge, Noé et ceux qui eurent foi en Dieu n'éprouvèrent aucun mal, tandis que les autres furent noyés, ainsi que Dieu l'a déclaré par ces mots du Coran : « Nous avons sauvé Noé et ses compagnons dans l'arche et nous avons submergé ceux qui méconnurent nos paroles, car ils étaient égarés [1]. »

« Les philosophes et les logiciens dont vous vous vantez ne vous sont non-seulement d'aucune utilité, mais ils vous égarent, car ils vous éloignent du chemin de la loi en vous détachant de ses préceptes par leurs discussions multipliées. Ils ont des opinions différentes et appartiennent à des sectes diverses. Quelques-uns prétendent que le monde a toujours existé, d'autres la matière seulement, d'autres la forme. Les uns soutiennent qu'il y a seulement deux matières premières, d'autres qu'il y en a trois, quatre, cinq, six et jusqu'à sept. Les uns admettent le créateur et la créature, d'autres croient que le temps n'aura pas de fin, tandis que d'autres apportent des preuves du contraire. Les uns affirment une autre vie, les autres la nient; les uns admettent la révélation et la prophétie, d'autres refusent d'y croire ou restent incertains dans le doute; enfin quelques-uns croient à la raison et veulent des preuves de tout, tandis que d'autres se bornent à suivre et à imiter. Bien des différentes opinions divisent encore les philosophes.

« Quant à nous, nous n'avons qu'une religion et une même manière d'agir. Nous reconnaissons Dieu unique et sans associé; nous sommes occupés jour et nuit à le louer. Nous

[1] VII, 62.

ne nous vantons à aucune de ses créatures de nos mérites. Nous sommes reconnaissants de ce qui nous est départi. Nous ne désobéissons pas aux ordres de Dieu. Nous ne disons pas : « Pourquoi ceci et pourquoi cela? comme les hommes, » qui discutent ses commandements, sa volonté et ses actes.

« Vos géomètres dont vous tirez vanité sont jour et nuit dans l'agitation pour chercher la preuve de leurs calculs. Ils ont la prétention de connaître les choses impénétrables à l'entendement humain, et ils ne se connaissent pas eux-mêmes. Ils ne s'occupent pas des sciences utiles, mais des futilités qui n'ont aucun intérêt. Ils mesurent les corps et les distances, la hauteur des montagnes, l'étendue des nuages, celle des mers et des forêts. Il y en a qui étudient l'harmonie des sphères célestes et qui veulent connaître le point central de la terre. Toutefois, ils ignorent ce qui concerne leur propre corps ; ils ne connaissent pas foncièrement les membres dont ils se servent, quoiqu'il semble que la chose leur fût si facile. C'est cependant par eux-mêmes que les œuvres et la puissance de Dieu leur sont connus ; car le prophète a dit : « Celui qui se connaît lui-même connaît Dieu. » Malgré leur ignorance, la plupart d'entre eux ne lisent pas la parole de Dieu et ne suivent pas les pratiques obligatoires et la *sunna*.

« Vous vantez aussi vos médecins, mais vous n'en avez besoin que parce que par avidité et gourmandise, vous mangez des mets variés qui vous rendent malades ; et vous assaillez ensuite les portes des docteurs et celles des pharmaciens. C'est ainsi qu on trouve à la porte des astrologues une réunion de malheureux et d'infortunés qui s'en retirent plus misérables encore ; car devancer ou retarder l'heure du bonheur ou du malheur n'est pas en leur pouvoir. Ce n'est que pour contenter les imbéciles que quelques astrologues et nécromances écrivent, sur un morceau de papier qu'ils leur remettent, qu.lques mots insignifiants. Il en est de même des médecins, recourir à eux n'est bon qu'à aggraver la maladie ; car ils vous interdisent les choses qui pourraient vous guérir. S'ils laissaient agir la nature, le malade serait guéri. Ainsi c'est folie que de vous enorgueillir de vos médecins et de vos astrologues. Nous n'avons besoin ni des uns, ni des autres. Notre nourriture n'est que d'une seule qualité, ainsi elle ne nous rend pas malades et nous n'avons pas besoin d'avoir recours aux médecins, ni de prendre aucun potion ni médecine. Les gens indépendants n'ont besoin de personne, tandis que les esclaves sont toujours à courir après les autres et à rôder autour d'eux.

« Les marchands, les architectes et les agriculteurs que vous vantez aussi ne valent pas mieux que les esclaves : ils sont plus vils que les pauvres et les nécessiteux. Jour et nuit ils travaillent péniblement ; ils n'ont pas un moment de repos. Ils bâtissent des maisons qu'ils ne doivent pas habiter ; ils creusent la terre et y plantent des arbres dont ils ne mangent pas les fruits. Personne n'est cependant plus fou que celui qui amasse de l'argent pour le laisser à ses héritiers et qui vit dans le dénûment. Le marchand n'est occupé que de la pensée de gagner un argent illicite. Dans l'espoir d'une disette il achète du grain et l'accapare, puis quand il manque il le vend très-cher, et ne donne rien aux pauvres et aux malheureux ; mais ces richesses qu'il a amassées pendant longtemps périssent souvent en un instant, ou sont perdues dans la mer, dérobées, ou confisquées par un roi tyran ; alors malheureux et avili, il va mendier de porte en porte. Beaucoup d'hommes perdent leur vie à tenir les discours les plus vains : ils s'imaginent d'avoir acquis quelque avantage, et ils ignorent qu'ils livrent ainsi pour rien le précieux argent comptant de leur vie et vendent la vie future pour la vie présente qu'ils perdent néanmoins. Ils jettent au vent la religion et ils restent dans le doute : ils n'ont ni l'illusion, ni la réalité. Si vous vous vantez des avantages extérieurs que vous paraissez avoir, nous les maudissons.

« Vous vous flattez aussi d'être doués de générosité ; mais c'est une erreur. Vous voyez très-souvent des amis, des parents, des voisins, pauvres et nécessiteux, nus et affamés mendier de rue en rue ; et vous n'y faites pas attention. Est-ce de la générosité que de passer la vie dans l'abondance en vos maisons, tandis que vos voisins sont dans l'indigence? Vous vous vantez de vos munschis et de vos administrateurs, mais vous avez bien tort de le faire. Il n'y a personne dans le monde de plus méchant qu'eux. Ils emploient leur habileté, leur science, leurs discours piquants, leur éloquence à dénigrer leurs égaux. Souvent ils écrivent des lettres amicales parfaitement rédigées; mais leur intention réelle est de renverser ceux mêmes à qui ils les écrivent. Ils songent jour et nuit à faire perdre à un fonctionnaire son emploi, afin de le procurer à un autre moyennant un présent. Bref, ils cherchent à le faire destituer par toute sorte de tromperies et de manœuvres.

« Vos faquirs que vous considérez comme si excellents et dont vous supposez les prières agréées de Dieu, sont des hypocrites qui ne cherchent qu'à vous tromper; car, à l'extérieur ils paraissent très-religieux, ils laissent croître leur barbe, mais ils arrachent les poils de leurs lèvres; ils sont revêtus d'un froc grossier et souvent rapetassé; ils gardent le silence, ils sont néanmoins affables envers autrui; ils enseignent les préceptes de la loi; ils font de longues prières et touchent, en se prosternant, la terre de leur front au point d'y laisser une cicatrice; ils mangent si peu que leurs lèvres pendent desséchées, que leur cerveau devient sec, leur corps maigre, que leur couleur s'altère; mais ils ne font tout cela que pour tromper. Ils ont la haine dans le cœur plus que les autres hommes. Ils se plaignent sans cesse à Dieu de ce qu'il a créé Satan et de ce qu'il y a des criminels et des libertins dans le monde. Tels sont les discours inconvenants qu'ils tiennent et leur cœur est plein de suggestions diaboliques. Vous les considérez comme irréprochables; mais, devant Dieu personne n'est plus méchant qu'eux. Vous avez donc bien tort d'en tirer gloire; ils sont, au contraire, la honte et l'opprobre de l'humanité.

« Vos savants et vos jurisconsultes déclarent quelquefois permis ce qui est défendu, et *vice versa*, dans un but d'intérêt temporel. Ils tordent pour cela le sens des textes sacrés. Ils rejettent des demandes justes pour retirer un gain. Ils font bon marché de l'abstinence et de la piété. Ainsi vous voyez que l'enfer sera le partage de tous ceux dont vous êtes fiers. Quant à vos cazis et à vos muftis, tant qu'ils n'ont pas de fonctions, ils vont matin et soir dans les mosquées, ils y récitent les prières, ils prêchent et instruisent les fidèles, mais lorsqu'ils ont obtenu un poste, ils pillent les pauvres et les orphelins et adressent des félicitations aux rois tyrans. Ils se laissent corrompre par des présents pour méconnaître la vérité. Bref, ils sont de très-mauvaise foi, jugeant bon ce qui est mauvais et mauvais ce qui est bon. Ils n'ont pas la crainte de Dieu, et les tourments de l'enfer leur sont réservés.

« Vos khalifes et vos padischâhs que vous dites héritiers des prophètes ne sont pas dépourvus de qualités blâmables. En effet, ils ont abandonné la voie de Dieu et ils ont fait périr les fils des prophètes. Ils ne s'occupent qu'à boire du vin et ils traitent en esclaves les serviteurs de Dieu. Ils croient valoir mieux que tous les autres hommes. Ils font passer les intérêts de ce monde avant ceux de la vie future. Quand un individu est nommé gouverneur d'une province, il commence à mettre en prison les anciens serviteurs de son père et de son aïeul, oubliant entièrement leurs services ; il fait même périr quelquefois ses meilleurs amis et ses frères, par avidité pour les choses du monde. Telles sont les mœurs des grands. Ainsi vous n'avez pas à vous enorgueillir de tels rois et de tels émirs, et vos prétentions, à cet égard, sont fausses, n'étant appuyées d'aucune preuve. »

CHAPITRE XXIV. — *La fourmi blanche.*

Après avoir entendu le discours du perroquet, le roi, apercevant une fourmi blanche, demanda comment cet insecte, sans mains ni pieds, peut soulever de la terre et en former sa demeure voûtée. Un Hébreu répondit : « Ce sont les jinns qui soulèvent la terre pour cet insecte, parce qu'il rongea, pour les obliger, le sceptre de Salomon, lequel tomba. Les jinns crurent que Salomon était mort, ils s'enfuirent et se sauvèrent ainsi des peines et des châtiments qui leur étaient destinés. — Ce que vient de raconter cet homme est-il vrai ? dit alors le roi aux jinns. — Non, répondirent-ils, car s'il en était ainsi, nous n'aurions plus été exposés aux fatigues auxquelles nous soumettait Salomon, à qui nous apportions de la terre et de l'eau pour bâtir ses édifices, mais qui ne nous imposait aucune autre peine. »

« Je connais quelque chose de cette affaire, dit un sage grec au roi. La nature de la fourmi blanche est extraordinaire et merveilleuse. Son tempérament est très-froid. Tous ses pores sont constamment ouverts, et c'est ainsi que l'air, entrant dans son corps, s'y gêle à cause de sa grande froideur, se change ensuite en eau et dégoutte de l'extérieur de son corps. La poussière qui tombe sur son corps y forme comme une couche boueuse qui le garantit des accidents extérieurs. Les deux valves de sa bouche sont très-pointues et elles peuvent ainsi couper fruits, feuilles et bois, et percer même la brique et la pierre pour y faire des trous. »

« La fourmi blanche, demanda alors le roi à la sauterelle, est-elle de la catégorie des insectes dont tu es l'agent ? et ce que dit ce sage grec est-il exact? — Il a dit vrai, répondit la sauterelle, mais il n'a pas complété la description de cet animal. Quand Dieu créa tous les animaux et accorda à chacun d'eux ses faveurs, il les rendit tous égaux par l'effet de sa sagesse et de sa justice. A quelques-uns il donna un grand corps et des formes volumineuses et fortes, mais une âme défectueuse et vile; à d'autres, un corps petit et faible, mais une âme intelligente et sensée. Il y a ainsi entre eux une égalité qu'amène cette abondance d'une part et ce manque de l'autre. L'éléphant, par exemple, est si peu intelligent malgré son corps si gros, qu'il se laisse conduire par un enfant qui, monté sur lui, le mène partout où il veut. Le chameau, dont le corps et le cou sont si longs, est tellement stupide qu'il suit le premier venu qui se saisit de son licou, ce qu'un rat même pourrait faire. Le scorpion, malgré son petit corps, pique l'éléphant et le fait périr. La fourmi blanche, qui est si petite et qui paraît si faible, a beaucoup de perspicacité. En un mot, les insectes les plus petits sont pleins d'intelligence et ont l'instinct le plus raffiné. »

« Mais d'où vient donc, dit le roi, que les plus grands animaux sont dépourvus d'intelligence et que les petits, au contraire, en ont beaucoup? la sagesse divine se manifeste-t-elle en cela? — Le Créateur, répondit la sauterelle, a compris par sa puissance parfaite que si les grands animaux capables de beaucoup de fatigue avaient une âme aussi énergique que leurs corps, ils ne pourraient jamais être domptés. Que si, d'autre part, les petits animaux n'étaient pas intelligents et perspicaces, ils seraient sans cesse exposés aux plus grandes vexations. C'est ainsi qu'il a donné aux premiers une âme vile et aux seconds une âme intelligente. L'abeille, sans règle ni compas, construit sa maison avec toutes sortes de cellules et de compartiments. On ne peut comprendre comment elle peut arranger une telle construction ni d'où elle tire cette cire et ce miel. On comprendrait plus facilement la chose si son corps était plus grand. Il en est de même du ver à soie, dont personne ne peut comprendre le travail. Quant à la fourmi blanche, personne ne connaît non plus comment elle bâtit son habitation. On ignore comment elle enlève la terre et fait sa construction.

« Les philosophes (infidèles) nient la création, mais Dieu nous en donne une idée par le travail de l'abeille. En effet, elle construit sa maison de cire sans matériaux et produit du miel pour s'en nourrir. Si, comme on le croit, c'est au moyen de fleurs et de feuilles, pourquoi ne pourrait-on pas obtenir le même résultat? si elle prend ses matériaux dans l'air et dans l'eau, comment ne le voit-on pas et ne sait-on pas la manière dont elle procède ?

« De même, Dieu s'est servi des plus petits animaux pour donner à des rois tyrans, livrés à l'injustice et à l'infidélité, et méconnaissant ses bienfaits, des preuves de sa grandeur et de sa puissance. Ce fut un moucheron, le plus petit des insectes, qui fit périr Nemrod, et lorsque Pharaon, égaré, fut traître envers Moïse, Dieu envoya contre lui une armée de sauterelles qui le tourmenta. De la même manière, lorsque Dieu eut départi à Salomon la royauté et la prophétie et qu'il lui eut asservi les hommes et les jinns, des hommes égarés lui contestèrent ses facultés prophétiques en disant qu'il n'avait acquis sa royauté que par ruse et par artifice. Il avait beau dire que Dieu lui avait accordé par un effet de sa bonté et de sa générosité le rang éminent qu'il occupait, le doute ne quittait pas leur esprit. Alors Dieu envoya la fourmi blanche qui rongea son sceptre et le fit tomber, ce qu'aucun homme ni jinn n'aurait osé faire. Cet acte de la toute-puissance de Dieu fut une admonition aux égarés afin qu'ils ne s'enorgueillissent ni de leur stature, ni de leur dignité. Mais ils ont beau voir les actes de la puissance de Dieu ; ils n'y font pas attention et ils se font gloire de leurs rois qui sont plus faibles que les plus petits insectes.

« L'huître qui produit la perle est le plus petit et le plus faible des habitants des eaux, et cependant il est le plus habile et le plus intelligent d'eux tous. Il reste au fond de la mer où il trouve sa nourriture ; mais lorsqu'il pleut, il en sort et se place à la surface de l'eau. Il ouvre ses longues valves et lorsque des gouttes de la pluie y tombent, il les referme aussitôt afin que l'eau de la mer ne se mêle pas avec celle de la pluie. Puis il retourne au fond de la mer et il garde ses valves fermées jusqu'à ce que ces gouttes d'eau se condensent et se changent en perles. L'homme manifeste-t-il une telle sagesse ?

« Dieu a donné à l'homme du goût pour le satin, le brocart et les autres étoffes faites avec la soie que fournit un petit ver. C'est encore à un faible insecte qu'est dû le miel si agréable à manger, et la cire des bougies qui éclairent les réunions, mais la perle est le plus beau de tous les ornements et on la doit au petit mollusque dont j'ai parlé. Dieu a produit des objets si précieux par l'entremise de ces petits animaux afin que l'homme confesse sa puissance et sa grandeur, mais il considère ces choses avec insouciance et il passe son temps dans l'égarement et l'infidélité. Il ne rend pas grâce à Dieu de ses bienfaits et il opprime ses serviteurs pauvres et malheureux. »

Lorsque la sauterelle eut terminé sa harangue, le roi demanda aux hommes s'ils avaient encore quelque chose à dire : « Oui, » répondirent-ils, et, d'après le désir du roi, un d'eux prit la parole en ces termes : « Nous avons tous la même forme, tandis que les animaux ont les formes les plus diverses ce qui prouve notre supériorité, l'unité est ce qu'il y a de mieux pour l'administration et le gouvernement, tandis que le manque d'unité jette la perturbation parmi les sujets. » En entendant ces paroles, les animaux baissèrent la tête, mais cependant le rossignol, agent des oiseaux, répliqua en ces termes : « Ce que cet homme dit est vrai ; les conformations des animaux sont très-diverses, mais leur âme instinctive est chez tous la même. Quoique les formes des hommes soient pareilles, leurs intelligences diffèrent les unes des autres, ce que prouvent les milliers de religions et de sectes qui les séparent. On compte parmi eux des juifs, des chrétiens, des mages, des polythéistes, des païens, des idolâtres, des guèbres, des sabéens, et chacune de ces religions se subdivise en de nombreuses sectes qui suivent les opinions de leurs anciens sages. Ainsi chez les juifs il y a les samaritains, les *'abâlî*, les *jalûtî ;* chez les chrétiens, les nestoriens, les jacobites, les melkites ; chez les mages, les zoroastriens, les *zarwânî*, les *haramî*, etc., chez les musulmans, les schi'a, les sunnites, les khârijî, les cadarî, les mu'ttazalî, etc. Toutes ces sectes diverses se traitent l'une l'autre d'infidèles, et se maudissent. Quant à nous, nous ignorons toutes ces différences. Nous ne connaissons qu'une seule religion. Nous sommes tous unitaires et croyants. Nous ne mettons en doute ni la bonté ni la puissance de Dieu. Nous le reconnaissons comme créateur et conservateur. Jour et nuit nous le louons et nous célébrons sa grandeur sans que les hommes s'en doutent. »

« Nous aussi, dit le Persan, nous reconnaissons Dieu comme créateur et conservateur, comme unique et sans associés. La raison de nos différences d'opinions, c'est que la religion est un chemin pour arriver à Dieu, et chacun prend celui qui lui paraît le meilleur. — Pourquoi alors s'entre-tuer pour ces différences d'opinions? dit le roi. — Ce n'est pas, en réalité, pour des motifs religieux que les hommes se persécutent, car la religion n'engendre pas l'aversion, mais c'est pour des motifs temporels. Le temporel et le spirituel sont comme deux jumeaux : l'un ne peut pas aller sans l'autre ; mais le spirituel doit avoir la préséance sur le temporel. La religion est nécessaire à l'état et tous les hommes doivent être religieux. Il faut, pour le bien de la religion, qu'il y ait un roi qui ait le pouvoir de faire observer ses préceptes. C'est pour cela que dans l'intérêt du gouvernement et de l'administration, on fait périr quelquefois des individus pour des motifs religieux. Chacun voudrait que tous les hommes adoptassent sa religion ou sa secte et y conformât sa conduite. On peut se priver de la vie pour des motifs religieux, mais les rois font périr des individus pour des motifs temporels. Il est dit dans le Coran : « Dieu a acheté des croyants leurs vies et leurs biens au prix du ciel pour s'entre-tuer dans la voie de Dieu, pour tuer et être tués[1] » D'autres textes expriment les mêmes pensées, tels que celui-ci, conforme aux principes du Pentateuque : « Si vous vous convertissez à Dieu votre créateur suicidez-vous, car ce sera une bonne chose devant Dieu[2]. »

« Notre-Seigneur Jésus-Christ a dit (à ses disciples) : « Si vous voulez être mes compagnons, préparez-vous à la « mort et au gibet, afin d'aller rejoindre avec moi vos frères « dans le ciel. Vous n'êtes pas des miens si vous ne me « secondez pas. » En conséquence, ils furent tous mis à mort et ils restèrent fidèles à la religion du Christ. C'est aussi de la même manière que des Hindous, Brahmanes, etc., se sui-

[1] IX, 112.
[2] II, 51.

cident et se brûlent vivants par esprit religieux. Ils croient que de tous les actes de dévotion le meilleur pour celui qui se repent de ses fautes, c'est de se détruire lui-même pour obtenir le pardon.

« C'est ainsi que les savants dans les choses divines se livrent à la dévotion en s'abstenant des désirs de la concupiscence. Ils subjuguent tellement leurs sens qu'il ne leur reste rien des désirs et des passions du monde. Les gens religieux cherchent à faire mourir leur âme concupiscente, ce qu'ils considèrent comme le plus grand acte de piété auquel ils puissent se livrer et devant les sauver du feu de l'enfer et les faire parvenir au ciel. Dans toute religion et dans chaque secte il y a des bons et des mauvais; mais les pires de tous sont ceux qui nient la résurrection et ne croient pas aux récompenses et aux punitions futures; qui, par conséquent, ne croient pas à l'expiation, qui sont sans aucune crainte pour leurs péchés et qui nient enfin l'unité de Dieu, auprès de qui nous retournerons tous. »

Un Indien prit à son tour la parole et dit : « Les espèces et les variétés des fils d'Adam sont bien plus nombreuses que celles des animaux; car dans le quart de l'univers qui est habité, il y a dix-neuf mille pays habités par des gens de toute sorte; tels sont la Chine, l'Inde, le Héjaz, l'Yémen, l'Abyssinie, l'Arabie Heureuse, l'Égypte, Alexandrie, le Quirwan, l'Andalousie, Constantinople, l'Azerbijan, l'Arménie, la Syrie, la Grèce, l'Irâc, le Badakhschan, la Géorgie, le Jîlân, Nischapûr, le Kirman, le Caboul, le Multan, le Khorassan, le Mawarà unnahr, le Khawârazm, Fargâna et des milliers d'autres pays et villes qu'il serait impossible d'énumérer. Il y a de plus des milliers d'hommes qui habitent les îles, les forêts et les bois, et tous ces hommes parlent des langues différentes, sont de couleur différente, ont des mœurs, des usages, des arts et des religions différentes. Dieu les nourrit tous et les protége tous. Tout cela n'indique-t-il pas que nous sommes supérieurs aux animaux ? »

« Cet homme, dit alors la grenouille au roi, a vanté le

grand nombre des hommes ; mais s'il faisait seulement attention aux habitants des eaux et s'il considérait leurs espèces et leurs formes diverses, il se convaincrait que l'espèce humaine est bien moins nombreuse et les pays et les villes qu'il a mentionnés lui paraîtraient peu importants ; car dans le quart habité du monde, il y a quinze mers, c'est à savoir celle de Grèce, celle de Géorgie, celle du Guilân, la mer Rouge, le golfe Persique, la mer de l'Inde, celle du Sinde, celle de Chine, celle de Gog et Magog, la mer Verte, la mer Occidentale, la mer du Nord, la mer Éthiopienne, la mer du Sud, la mer de l'Est ; cinquante petites rivières et deux cents grandes telles que le Jihûn (l'Oxus), le Tigre, l'Euphrate, le Nil, etc., dont le parcours est de cent à mille kos. Il y a, en outre, les grands et petits ruisseaux qui coulent dans les forêts et les bois, les lacs, les étangs, etc., qu'on ne saurait énumérer. Dans ces eaux on trouve, non-seulement des poissons, mais des tortues, des crocodiles, des dauphins et des milliers d'autres espèces d'animaux aquatiques dont Dieu seul connaît le compte.

« Quelques-uns disent que les animaux aquatiques appartiennent à sept cents différentes espèces, outre les variétés et sans compter les individus, et que les animaux de terre, tant féroces que carnassiers, domestiques, etc., ne forment que cinq cents espèces, outre les variétés et sans compter les individus. Tous ces animaux sont les créatures de Dieu ; il les a produits par sa puissance ; il leur donne leur nourriture et il prend soin d'eux. Rien de ce qui les concerne ne lui est caché. Si l'homme considérait le nombre incalculable des animaux, il se convaincrait que ce n'est pas sur la quantité d'individus appartenant à la race humaine qu'il peut tirer la conséquence qu'il doit être notre maître et que nous devons être ses esclaves. »

CHAPITRE XXV. — *Sur le monde des esprits.*

Quand la grenouille eut terminé sa harangue, un sage d'entre les jinns reprocha aux hommes et aux animaux de n'avoir pas mentionné les êtres spirituels et lumineux qui n'ont pas de corps. « Vous ne connaissez peut-être pas ces êtres, leur dit-il. Ce sont de simples âmes et des esprits qui demeurent dans les coupoles des cieux. Il y a parmi eux les anges qui sont préposés à la garde des sphères célestes ; d'autres vivent dans les régions boréales et ce sont les jinns, enfin il y a aussi les démons.

« Si vous connaissiez le nombre des créatures célestes, vous sauriez que comparés à elles, les hommes et les animaux ne sont rien ; car l'espace que les premières occupent est dix fois plus grand que celui de la terre et des mers ; les cieux sont bien plus spacieux que la terre et ils sont pleins de ces êtres célestes, ainsi que l'a dit le prophète de Dieu : « Il n'y a pas dans les sept cieux le moindre espace qui ne soit plein d'anges toujours debout ou prosternés dans l'adoration de Dieu. »

« Si vous considériez, vous hommes, le nombre de ces êtres, vous vous apercevriez que vous y êtes bien inférieurs : sous le rapport du nombre, vos prétentions sont donc vaines. Tous les êtres sont les créatures de Dieu ; mais il en a soumis quelques-unes aux autres. Il a tout disposé dans sa sagesse pour que ses ordres fussent exécutés. Gloire à lui et louange lui soit rendue !

« Nous avons bien d'autres preuves de notre excellence, dit alors au roi un habitant du Héjâz. Dieu nous a promis de grandes faveurs, telles que de nous ressusciter du tombeau et de nous répandre sur toute la terre pour être jugés ; de traverser le pont sirât et d'entrer dans le ciel, nommé aussi paradis, jardin de délices, jardin d'éternité, jardin d'Eden, habitation éternelle, maison de paix, lieu de repos, résidence éternelle, séjour des saints, où se trouvent l'arbre *tûba*, la fontaine *salsabîl*, des ruisseaux de vin, de lait, de miel et d'eau, de beaux palais, de nombreuses houris, et, ce qui vaut bien mieux que tout le reste, la présence de Dieu et les jouissances qu'entraîne un tel bonheur et que détaille le Coran. Ces faveurs nous ont été assignées, mais non aux animaux ; et elles nous dispensent d'insister sur les autres motifs de notre prééminence.

« Mais, dit le rossignol, agent des oiseaux, si Dieu vous a promis les faveurs dont vous parlez, il vous a aussi condamnés à des châtiments terribles tels que les tourments de la tombe, l'interrogatoire de Munkir et de Nakîr, l'enfer avec tous ses degrés et toutes ses peines cruelles, le vêtement de poix, la boisson de fiel, la nourriture affreuse du fruit du zacûm, la compagnie des démons et de Satan leur chef. Tout cela vous est annoncé dans le Coran. Quant à nous, des récompenses ne nous ont pas été promises, mais aussi nous n'avons pas de punition à craindre. Par nos actes nous n'avons ni profit à retirer, ni dommage à redouter. Ainsi nous sommes égaux à vous et vous n'avez pas de supériorité à notre égard.

« Comment serions-nous vos égaux? répliqua l'habitant du Héjaz? Nous ne resterons pas toujours dans le même état. Si nous obéissons aux commandements de Dieu, nous irons demeurer avec les prophètes et les saints en compagnie des hommes éminents par leur mérite, leur piété, leur abstinence, avec les dévots et les contemplatifs. Ils seront semblables aux anges qui approchent de Dieu, ceux qui s'attachent, avant tout, à faire le bien et qui sacrifient leur fortune et leur vie pour Dieu, pleins qu'ils sont de confiance en lui à qui ils adressent leurs prières et en qui ils espèrent. Si même nous sommes pécheurs et que nous ne lui obéissions pas, nous pouvons obtenir notre salut par l'intercession des prophètes et spécialement par celle du prophète incontestable, Mahomet, le prince des envoyés célestes, le sceau des messagers de Dieu ; après quoi nous jouirons du ciel, et les anges nous diront : « Salut à vous, soyez heureux, entrez ici et demeurez-y pour toujours [1]. Mais vous, animaux, qui que vous soyez, vous êtes privés d'un tel bonheur ; car vous tombez dans le néant en quittant ce monde, et il n'est plus question de vous. »

En entendant ces derniers mots, les agents des animaux et les chefs des jinns dirent : « Votre parole est vraie et votre preuve solide ; vous avez raison de vous enorgueillir de telles choses. Mais vous devriez bien nous développer actuellement les belles qualités, les mœurs pures, les traits recommandables qui sont en rapport avec de si grandes faveurs. » Tous les hommes gardèrent alors le silence.

Cependant un sage prit la parole en ces termes et dit : « Sire, les hommes ont, en effet, prouvé que leurs prétentions étaient fondées et il est reconnu qu'il y en a parmi eux qui ont accès auprès de Dieu et qui possèdent des qualités très-louables qu'on ne saurait convenablement décrire avec la langue ; mais toutefois, leur esprit ne peut atteindre les perfections divines ; les orateurs les plus excellents, les prédicateurs les plus parfaits qui, toute leur vie, ont cherché à les exposer n'ont pu y parvenir. Actuellement, Votre Majesté doit se décider entre les hommes et les animaux et déclarer si ces derniers sont les esclaves des premiers.

« Oui, dit le Roi, tous les animaux doivent être soumis à l'homme et ne pas s'écarter de leur obéissance. »

Les animaux entendirent cette sentence, ils s'y soumirent et s'en retournèrent paisiblement chacun de son côté.

[1] Cor., XXXIX, 73.

Paris — Imprimerie de V. Goupy et Cie, rue Garancière, 5.

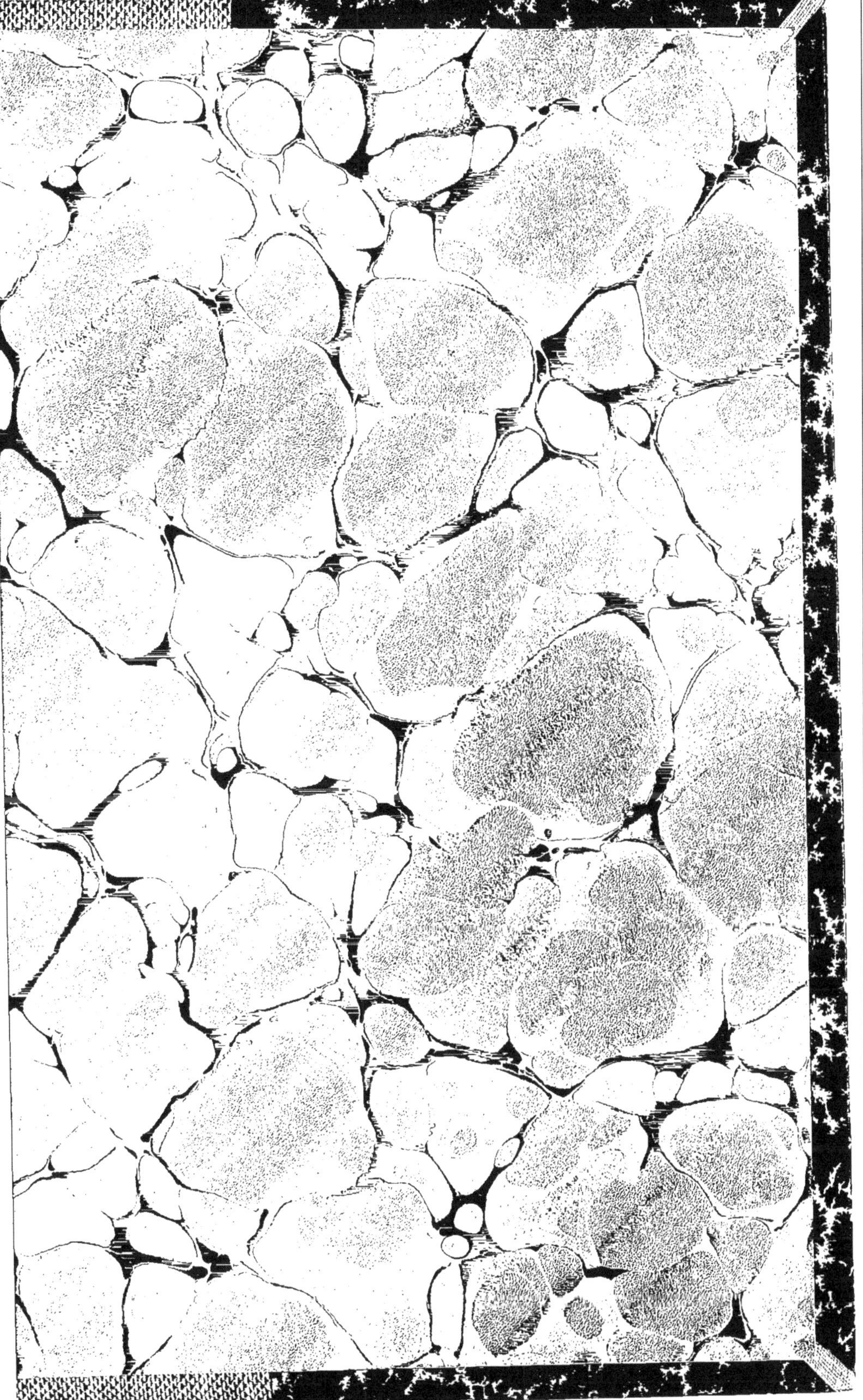

www.ingramcontent.com/pod-product-compliance
Ingram Content Group UK Ltd.
Pitfield, Milton Keynes, MK11 3LW, UK
UKHW021043230726
13926UKWH00004B/1620

9 782014 429626